中国国家公园体制建设研究丛书

Research Series on Development of China's National Park System

Deconstruction and Reconstruction of Management Systems for China's Protected Areas

中国自然保护区域管理体制：解构与重构

田世政 —— 著

中国环境出版集团 · 北京

图书在版编目（CIP）数据

中国自然保护区域管理体制：解构与重构/田世政著.
—北京：中国环境出版集团，2018.10
（中国国家公园体制建设研究丛书）
ISBN 978-7-5111-3676-3

Ⅰ. ①中… Ⅱ. ①田… Ⅲ. ①自然保护区—管理体制—研究—中国 Ⅳ. ①S759.992

中国版本图书馆 CIP 数据核字（2018）第 105070 号

出 版 人 武德凯
责任编辑 李兰兰
责任校对 任 丽
封面制作 宋 瑞

更多信息，请关注
中国环境出版集团
第一分社

出版发行 中国环境出版集团
（100062 北京市东城区广渠门内大街 16 号）
网 址：http://www.cesp.com.cn
电子邮箱：bjgl@cesp.com.cn
联系电话：010-67112765（编辑管理部）
010-67112735（第一分社）
发行热线：010-67125803，010-67113405（传真）
印 刷 北京中科印刷有限公司
经 销 各地新华书店
版 次 2018 年 10 月第 1 版
印 次 2018 年 10 月第 1 次印刷
开 本 787×1092 1/16
印 张 6.25
字 数 118 千字
定 价 28.00 元

中国国家公园体制建设研究丛书

编 委 会

踏上国家公园体制改革新征程

自1872年世界上第一个国家公园诞生以来，由于较好地处理了自然资源科学保护与合理利用之间的关系，国家公园逐渐成为国际社会普遍认同的自然生态保护模式，并被世界大部分国家和地区采用。目前已有100多个国家建立了近万个国家公园，并在保护本国自然生态系统和自然遗产中发挥着积极作用。2013年11月，党的十八届三中全会首次提出建立国家公园体制，并将其列入全面深化改革的重点任务，标志着中国特色国家公园体制建设正式起步。

4年多来，国家发展和改革委员会会同相关部门，稳步推进改革试点各项工作，并取得了阶段性成效。特别是2017年，国家发展和改革委员会会同相关部门研究制定并报请中共中央办公厅、国务院办公厅印发《建立国家公园体制总体方案》（以下简称《总体方案》），从成立国家公园管理机构、提出国家公园设立标准、编制全国国家公园总体发展规划、制定自然保护地体系分类标准、研究国家公园事权划分办法、制定国家公园法等方面提出了下一步国家公园体制改革的制度框架。

回顾过去4年多的改革历程，我国国家公园体制建设具有以下几个特点。

一是对现有自然保护地体制的改革。建立国家公园体制是对现有自然保护地体制的优化，不是推倒重来，也不是另起炉灶，更不是对中华人民共和国成立以来我国自然生态系统和自然文化遗产保护成就的否定，而是根据新的形势需要，对保护管理的体制机制进行探索创新，对自然保护地体系的分类设置进行改革完善，探索一条符合中国国情的保护地发展道路，这是一项“先立后破”的改革，有利于保护事业的发展，更符合全体中国人民的公共利益。

二是坚持问题导向的改革。中华人民共和国成立以来，特别是改革开放以来，我国的自然生态系统和自然遗产保护事业快速发展，取得了显著成绩，建立了自然保护区、风景名胜区、自然文化遗产、森林公园、地质公园等多种类型保护地。但自然保护地主要按照资源要素类型设立，缺乏顶层设计，同一类保护地分属不同部门管理，同一个保护地多头管理、碎片化现象严重，社会公益属性和中央地方管理职责不够明确，土地及相关资源产权不清晰，保护管理效能低下，盲目建设和过度利用现象时有发生，违规采矿开矿、无序开发水电等屡禁不止，严重威胁我国生态安全。通过建立国家公园体制，推动我国自然保护地管理体制改革，加强重要自然生态系统原真性、完整性保护，实现国家所有、全民共享、世代传承的目标，十分必要也十分迫切。

三是基于自然资源资产所有权的改革。明确国家公园必须由国家批准设立并主导管理，并强调国家所有，这就要求国家公园以全民所有的土地为主体。在制定国家公园准入条件时，也特别强调确保全民所有的自然资源资产占主体地位，这才能保证下一步管理体制调整的可行性。原则上，国家公园由中央政府直接行使所有权，由省级政府代理行使的，待条件成熟时，也要逐步过渡到由中央政府直接行使。

四是落实国土空间开发保护制度的改革。党的十八届三中全会《中共中央关于全面深化改革若干重大问题的决定》中关于建立国家公园体制的完整表述是“坚定不移实施主体功能区制度，建立国土空间开发保护制度，严格按照主体功能区定位推动发展，建立国家公园体制”。建立国家公园体制并非在已有的自然保护地体系上叠床架屋，而是要以国家公园为主体、为代表、为龙头去推动保护地体系改革，从而建立完善的国土空间开发保护制度，推动主体功能区定位落地实施，使得禁止开发区域能够真正做到禁止大规模工业化、城镇化开发建设，还自然以宁静、和谐、美丽，为建设富强、民主、文明、和谐、美丽的现代化强国贡献力量。

2015 年以来，国家发展和改革委员会会同相关部门和地方在青海、吉林、黑龙江、四川、陕西、甘肃等地开展三江源、东北虎豹、大熊猫、祁连山等 10 个国家公园体制试点，在突出生态保护、统一规范管理、明晰资源权属、创新经营管理、促进社区发展等方面取得了一定经验。同时，我们也要看到，建立统一、规范、高效的中国特色国家公园体制绝不是敲锣打鼓就可以实现的，不可能一蹴而就，必须通过不断深化研究、总结试点经验来逐步优化完善，在统一规范管理、建立财政保障、明确产权归属、完善法律制度等管理体制上取得实质性突破，在标准规范、规划管理、特许经营、社区发展、人才保障、公众参与、监督管理、交流合作等运行机制上进行大胆创新，把中国国家公园体制的“四梁八柱”建立起来，补齐制度“短板”。

为此，国家发展和改革委员会会同保尔森基金会和河仁慈善基金会组织清华大学、北京大学、中国人民大学、武汉大学等著名高校以及中国科学院、中国国土资源经济研究院等科研院所的一批知名专家，针对国家公园治理体系、国家公园立法、国家公园自然资源管理体制、国家公园规划、国家公园空间布局、国家公园生态系统和自然文化遗产保护、国家公园事权划分和资金机制、国家公园特许经营以及自然保护管理体制改革方向和路径等课题开展了认真研究。在担任建立国家公园体制试点专家组组长的时候，我认识了其中很多的学者，他们在国家公园相关领域渊博的学识，特别是对自然生态保护的热爱以及对我国生态文明建设的责任感，让我十分钦佩和感动。

此次组织出版的系列丛书也正是上述课题研究的重要成果。这些研究成果，为我们制定总体方案、推进国家公园体制改革提供了重要支撑。当然，这些研究成果的作用还远未充分发挥，有待进一步实现政策转化。

我衷心祝愿在上述成果的支撑和引导下，我国国家公园体制改革将会拥有更加美好的未来，也衷心希望我们所有人秉持对自然和历史的敬畏，合力推进国家公园体制建设，保护和利用好大自然留给我们的宝贵遗产，并完好无损地留给我们的子孙后代！

朱之鑫

原中央财经领导小组办公室主任

国家发展和改革委员会原副主任

序　言

经过近半个世纪的快速发展，中国一跃成为全球第二大经济体。但是，这一举世瞩目的成就也付出了高昂的资源和环境代价：野生动植物栖息地破碎化、生物多样性锐减、生态系统服务和功能退化、环境污染严重。经济发展的资源环境约束不断趋紧，制约着中国经济社会的可持续发展。如何有效地保护好中国最具代表性和最重要的生态系统与生物多样性，为中华民族的子孙后代留下这些宝贵的自然遗产成为亟须应对的严峻挑战。引入国际上广为接受并证明行之有效的国家公园理念，改革整合约占中国国土面积20%的各类自然保护地，在统一、规范和高效的原则指导下构建以国家公园为主体的自然保护地体系是中共十八届三中全会提出的应对这一挑战的重要决定。

国家公园是人类社会保护珍贵的自然和文化遗产的智慧方式之一。自1872年全球第一个国家公园在壮美蛮荒的美国黄石地区建立以来，在面临平衡资源保护与可持续利用的百般考验和千般淬炼中，国家公园脱颖而出，成为全球最具知名度、影响力和吸引力的自然保护地模式。据不完全统计，五大洲现有国家公园10000多处，构成了全球自然保护地体系最具生命力的一道亮丽风景线，是地球母亲亿万年的杰作——丰富的生物多样性和生态系统以及壮美的地质和天文景观——的庇护所和展示窗口。

因为较好地平衡了保护和利用的关系，国家公园巧妙地实现了自然和文化遗产的代际传承。经过一个多世纪的洗礼，国家公园的理念不断演变，内涵日渐丰富，从早期专注自然生态保护到后期兼顾自然与文化遗产保护，到现在演变成兼具资源保护和为人类提供体验自然和陶冶身心等多重功能。同时，国家公园还成为激发爱国热情、培养民族自豪感的最佳场所。国家公园理念在各国的资源保护与管理实践中得以不断扩展、凝练和升华。

中国国家公园体制建设既需要与国际接轨，又应符合中国国情。2015年，在国家公园体制建设工作启动伊始，保尔森基金会与国家发展和改革委员会就国家公园体制建设签订了合作框架协议，旨在通过中美双方合作开展各类研究与交流活动，科学、有序、高效地推进中国的国家公园体制建设，提升和完善中国的自然保护地体系，实现自然生态系统和文化遗产的有效保护和合理利用。在过去约 3 年的时间里，在河仁慈善基金会的慷慨资助下，双方共同委托国内外知名专家和研究团队，就中国国家公园体制建设顶层设计涉及的十几个重要领域开展了系统、深入的研究，包括国际案例、建设指南、空间规划、治理体系、立法、规划编制、自然资源管理体制、财政事权划分与资金机制、特许经营机制、自然保护管理体制改革方向和路径研究等，为中国国家公园体制建设奠定了良好的基础。

来自美国环球公园协会、国务院发展研究中心、清华大学、北京大学、同济大学、中国科学院生态环境研究中心、西南大学等 14 家研究机构和单位的百余名学者和研究人员完成了 16 个研究项目。现将这些研究报告集结成书，以飨众多关心和关注中国国家公园体制建设的读者，并希望对中国国家公园体制建设的各级决策者、基层实践者和其他参与者有所帮助。

作为世界上最大的两个经济体，中美两国共同肩负着保护人类家园——地球的神圣使命。美国在过去 140 年里积累的经验和教训可以为中国国家公园体制建设提供借鉴。我们衷心希望中美在国家公园建设和管理方面的交流与合作有助于增进两国政府间的互信和人民之间的友谊。

借此机会，我们对所有合作伙伴和参与研究项目的专家们致以诚挚的感谢！特别要感谢国家发展和改革委员会原副主任朱之鑫先生和保尔森基金会主席保尔森先生对合作项目的大力支持和指导，感谢河仁慈善基金会曹德旺先生的慷慨资助和曹德淦理事长对项目的悉心指导。我们期待着继续携手中美合作伙伴为中国的国家公园体制建设添砖加瓦，使国家公园成为展示美丽中国的最佳窗口。

彭福伟	牛红卫
国家发展和改革委员会	保尔森基金会
社会发展司副司长	环保总监

作者序

从十八大党中央吹响生态文明建设的号角，到十八届三中全会提出建立国家公园体制，从2013年13部委在全国进行国家公园试点，到"十三五"规划中提出到2020年整合设立一批国家公园，国家公园这个学界呼吁了30多年的"舶来品"，部分省份和部门2006年以来试点被叫停的"难产儿"，在生态文明建设的国家战略推动下，终于开始落地生根，变成了实实在在的国家行动。从2015年12月到2017年6月，中央全面深化改革领导小组与国家发展和改革委员会先后审议和批准了三江源、神农架、武夷山、祁连山等10个国家公园的试点方案。2017年9月，中共中央办公厅（以下简称中办）、国务院办公厅（以下简称国办）印发了《建立国家公园体制总体方案》，十九大报告又进一步明确，要"建立以国家公园为主体的自然保护地体系"。这意味着在未来一个时期，我国要以国家公园体制建设为突破口，重构自然保护体系，重塑自然资源管理体系。在我国目前纷繁复杂的自然保护空间规划体系和保护地体系上建立国家公园体制，不是一件容易的事情，需要专业化的思考和研究。也正因如此，在国家发展和改革委员会社会发展司、保尔森基金会、河仁慈善基金会《建立国家公园体制2017年研究课题征集公告》中，设立了唯一一个跳出"国家公园"研究国家公园的课题——"自然保护管理体制改革方向和路径研究"，我有幸成为课题的承担者，与北京大学李文军教授团队做AB方案。这样一个国家大政方针与政策设计的课题，对于我这样偏居西南的高校学者，压力和难度是可想而知的。感谢委托方和评审专家的信任，把如此具有挑战性和使命感的研究工作交给了我。本书是由课题研究报告稍作文字修改而成的。

按照决策咨询报告的一般范式，本书遵循"现状—问题—经验借鉴—对策"的简单逻辑结构，试图把我国自然保护区域及其管理体制现状背景、现实问题、政策背景呈现出来，也试图展示一个全球背景和他国模式，以近年国家已经确定的方针政策为逻辑原点和思考边界，一方面以解决问题为导向，另一方面借鉴他国经验，进行推演论证，试图提出一个我国以国家公园为主体的自然保护区域重构的详细方案，一个自然保护区域管理体制重建的详细方案。通过对我国自然保护区域及其管理体制等进行内部结构分解与深入剖析，阐述目前管理体制存在问题的表象、原因和负向影响。在当前自然保护体系及其管理体制解构的基础上，重构了包括国家公园在内的“新六类”保护地体系，按照“两权分离”和“权力三分”的原则，重构了自然保护区域的管理体系，包括分级行使所有权、发改部门协调与决策职能强化、环境保护部门监管职能升级、自然资源资产管理部门新建、一些部门监管退出、林业部门整合升级组建生态保护大部制的监管执行部门等具体方案。体制重构方案中还对各部门的权责协调、地方机构设置、纵向管理体系衔接等提出了具体思路，分析了方案实施需要解决的财政投入保障、补偿机制、经营机制、公众参与机制建立等配套改革问题。研究中也对目前自然资源管理领域的一些热点问题进行了回应，包括当前转移支付政策的绩效与变革、空间规划的混乱与多规合一、生态保护红线制度实施中的困惑与调整、保护地自然资源确权登记问题、保护地的地役权设置、国家公园回归公益的可行性与实施路径、国家公园执法权与园警制等。改革举措可能涉及中央政府多个部委的设置、部委间以及与地方之间权责的重新分割，方案出台需十分慎重，目前大多数的研究机构和学者对此都是含糊其辞或语焉不详，但这是本书绕不开的、需要直接回答的问题。我们没有回避，在课题可能涉及的方面，都提出了解决问题的方案和实施的路线图。由于信息不全、认识偏颇、经验不足等，问题分析与解决方案难免有失周全，甚至可能谬误迭出，请专家和读者指正。希望以此为“靶子”，抛砖引玉，最终找到符合我国国情的以国家公园为主体的自然保护体系及其管理体制建设的满意方案，推动我国生态文明建设。

田世政

2018年2月21日于西南大学学府小区

前 言

自然保护（nature conservation）是对自然环境和自然资源的保护。自然环境是指客观存在的物质世界中同人类、人类社会发生相互影响的各种自然因素的总和。自然资源是自然环境中人类可以用于生活和生产的物质，如生物、水、土壤、矿物、太阳能、风能等。改变人类的发展方式和自然资源的利用方式，倡导并推进低碳、绿色和可持续的发展观，减少温室气体排放，应对全球变暖等是目前自然保护的全球行动。联合国及其下属机构一直致力于通过《世界遗产公约》《国际湿地公约》《生物多样性公约》“人与生物圈计划”“世界地质公园网络”等推进自然保护领域的全球行动与全球合作。建立保护区域和保护地是目前全球自然保护的主要手段，也是各国保护自然栖息地、减缓生物多样性丧失的主要措施。按照世界自然保护联盟（International Union for Conservation of Nature，IUCN）的界定，保护地（Protected Areas，PAs）是在一个明确划定的地理空间内，通过法律或其他有效手段对区内物种及其栖息地进行管理，从而实现与生态系统服务和文化价值相关的自然环境的长期保护（IUCN，2008）。当前，全球各类保护地数量接近 13.5 万处，面积达 2437 万平方千米（Butchart et al.，2010），2013 年全球保护地面积占陆地总面积比例达到了 13.40%（范边等，2015）。2010 年《生物多样性公约》（*Convention on Biological Diversity*，CBD）通过的《2011—2020 年生物多样性战略计划》（*Strategic Plan for Biodiversity 2011—2020*）中的《爱知生物多样性目标》（*Aichi Biodiversity Targets*）提出，到 2020 年陆地保护地至少要覆盖 17%的陆地和内陆水域。

中国没有按照 IUCN 的分类建立起保护地体系，中华人民共和国成立后，在不同时期为应急管理之需建立起了自然保护区、风景名胜区、森林公园、地质公园、湿地公园、沙漠公园、物种种质资源保护区、海洋特别保护区、海洋公园等实质性的保护地形式。自然保护区和风景名胜区是按照国家法规建立的，被普遍认为是法定保护地，其余保护地形式是各部门按照部门管理目标确定的部门规章建立起来的，被普遍认为是部门建立的保护地。2010年国务院和环境保护部分别发布的《全国主体功能区规划》和《中国生物多样性保护战略与行动计划（2011—2030年）》确定了一批国家重点生态功能区和国家生物多样性保护优先区等自然保护区域。2014年开始启动，2017年中办、国办印发《关于划定并严守生态保护红线的若干意见》对生态保护红线划定工作和生态保护红线区的管理实施做出总体部署，形成了新的严格保护的自然区域。总体来看，当前我国已经形成了法定保护地、部门建立的保护地和各种空间规划确定的保护区域为主体的保护地体系，本书后文统称为自然保护区域。

管理体制是指管理系统的结构和组成方式，即采用怎样的组织形式以及如何将这些组织形式结合成为一个合理的有机系统，并以怎样的手段、方法来实现管理的任务和目的。行政管理体制是规定中央、地方、部门、各社会组织的管理范围、权限职责、利益及其相互关系的准则，其核心是管理机构的设置、各管理机构职权分配以及各机构间的相互协调，管理体制的合理性直接影响管理的效率和效能，在中央、地方、部门、社会组织管理中起着决定性作用。我国在自然保护体系形成过程中，也逐步形成了与各阶段管理目标匹配的管理体制、管理制度和管理政策，推动了我国自然保护事业发展。但近年来，这套管理体系在实践中显现出比较明显的局限性，影响管理运行效率与效能发挥。在新的历史条件下，特别是十八大以来，中央提出生态文明建设和生态文明体制建设的一系列方针政策以后，这套管理体系必须进行变革、再造和重构，才能形成与国家战略目标匹配的管理体系。本书系统探讨了国家生态文明体制建设快速推进背景下，特别是国家公园体制建设与整合设立背景下，我国自然保护领域改革的方向、内容、方案和实施路径，以期对国家公园体制建设总体实施细则形成、自然保护领域管理体制改革、生态文明体制建设工作方案制订与推进等提供参考。

目　录

第 1 章　我国自然保护区域及其管理制度现状

国土空间是自然资源和自然环境保护的载体。我国的每一寸国土都承载着土地、矿物、生物、空气、水能、风能等自然资源的保护责任。按照国土空间规划，不同的区域承担不同程度的自然保护功能，即使《全国主体功能区规划》中的城市化地区、农产品主产区等也都需要提供生态产品，承担自然保护责任。例如，城市化地区需要承担防污治污、城市绿化、城市间绿廊建设、城市生物多样性保护等的自然保护责任，农产品主产区承担农业面源污染防治、水土流失、土壤重金属污染与土壤退化防治等自然保护责任。但我国自然保护、生态保护的主战场还是重点生态功能区、生物多样性保护优先区、禁止开发区、生态保护红线区等各类空间规划确定的自然保护区域和根据国家法规和部门规章建立起的保护地体系。本章重点梳理我国各类自然保护区域的基础数据、功能定位、管理体制、管理政策与措施等，旨在全面、准确把握研究对象的现状，为后面各章奠定立论基础。

1.1　国家重点生态功能区

1.1.1　基本情况

根据《全国主体功能区规划》，国家重点生态功能区共 25 个，总面积约 386 万平方千米，占全国陆地国土面积的 40.2%，人口约 1.1 亿人，分为水源涵养型、水土保持型、防风固沙型和生物多样性维护型四种类型。国家重点生态功能区是全国的限制开发区，限制进行大规模高强度工业化、城镇化开发，以保护和修复生态环境、提供生态产品为首要任务，其功能定位为保障国家生态安全，建设人与自然和谐相处的示范区，可以通过点状开发、面上保护的方式，形成环境友好型的产业结构，发展不影响主体功能定位的适宜产业、特色产业和服务业，引导超载人口逐步有序转移，减轻人口对生态环境的压力，提高公共服务水平，改善人民生活。

2016 年 9 月，国务院同意将 240 个县（市、区、旗）和东北、内蒙古国有林区 87 个林业局新增纳入国家重点生态功能区。这样，国家重点生态功能区的县（市、区、旗）数量由原来的 436 个增加至 676 个，占国土面积的比例从 40.2%提高到 53%，涉及全国 27 个省（直辖市、自治区）的 700 多个县（市、区、旗）。各省根据实际，也划出一定区域作为省级层面的重点生态功能区。

1.1.2　管理体制与政策措施

国家建立起了中央—省—县（区、旗）三级管理体制，通过具体调控政策、管理办法的实施，确保《全国主体功能区规划》对国家重点生态功能区的定位和管理目标的实现。

1. 分类目标管理

为了确保管理措施执行主体的落实，25 个国家重点生态功能区的范围最终落实到县级行政区，国家对纳入重点生态功能区的县级单位实施动态管理。2016 年，在 2010 年规划的基础上，新增约 1/3 的县级单位，未来对重点生态功能区产业负面清单实施不力的，可能调整退出重点生态功能区范围。国家对各个重点生态功能区实行目标管理与目标考核。对不同类别的重点生态功能区，管理目标侧重点有所不同，表 1-1 为三江源、普达措、神农架 3 个国家公园试点单位所在国家重点生态功能区的类型和管理目标。从管理权限划分看，对国家重点生态功能区的规划范围、县级单位数量等的决定权集中在中央政府层面，具体责任机构是国家发展和改革委员会，由国家发展和改革委员会会同有关部门提出方案，经国务院批复发布后实施。

表 1-1　部分国家公园试点单位所在国家重点生态功能区的管理目标

区域	类型	国家公园试点单位	综合评价	管理目标
三江源草原草甸湿地生态功能区	水源涵养	三江源国家公园体制试点区	是全球大江大河、冰川、雪山及高原生物多样性最集中的地区之一。目前草原退化、湖泊萎缩、鼠害严重，生态系统功能受到严重破坏	封育并治理退化草原，减少载畜量，涵养水源，恢复湿地，实施生态移民

区域	类型	国家公园试点单位	综合评价	管理目标
川滇森林及生物多样性生态功能区	生物多样性维护	普达措国家公园体制试点区	原始森林和野生珍稀动植物资源丰富，是大熊猫、金丝猴等重要物种的栖息地，生物多样性维护方面具有十分重要的意义。目前山地生态环境问题突出，草原超载过牧，生物多样性受到威胁	保护森林、草原植被，保护生物多样性和多种珍稀动植物基因库
秦巴生物多样性生态功能区	生物多样性维护	神农架国家公园体制试点区	生物多样性丰富，是许多珍稀动植物的分布区。目前水土流失和地质灾害问题突出，生物多样性受到威胁	减少林木采伐，恢复山地植被，保护野生物种

资料来源：《全国主体功能区规划》（国发〔2010〕46号）等。

2. 绩效考核与转移支付

国家于2008年设立重点生态功能区一般性转移支付，对限制发展导致的生态保护成本、发展机会成本进行补偿，中央对地方重点生态功能区转移支付办法也在不断优化。根据财政部印发的《2016年中央对地方重点生态功能区转移支付办法》，国家对补偿资金按县测算，下达到省级，补偿额度按照生态保护区域面积、产业发展受限、财力的影响情况、贫困情况、禁止开发区域的面积和数量等指标确定，另外适当给予引导性补助。省级财政部门对重点生态功能区所涉各县的转移支付不得超出国家公布的范围，分配总额不得低于中央财政下达的支付额度。到2016年，全国享受重点生态功能区转移支付政策的县达到725个，资金规模达到570亿元，平均每个县转移支付规模7000万元左右（肖金成等，2017）。从2016年开始，财政部对省对下资金分配情况、享受转移支付县的资金使用情况等进行绩效考核，并会同有关部门完善生态环境保护综合评价办法，根据考核评价情况实施奖惩。

考核评价工作由财政部、环境保护部牵头，各省级财政、环境保护部门实施，按照《国家重点生态功能区县域生态环境质量监测评价与考核指标体系》（环发〔2014〕32号）和《国家重点生态功能区县域生态环境质量监测评价与考核指标体系实施细则》（环办〔2014〕96号）有关要求实施，分为防风固沙、水土保持、水源涵养、生物多样性维护等四种生态功能类型，实行差别化的考核评价。一些省在国家考核指标体系框架基础上，结合自身实际，建立适合本地情况的考评体系，如2016年云南省环保厅和省财政厅联合印发《云南省县域生态环境质量检测评价与考核办法（试行）》，对全省129个县（市、区）县域生态环境质量进行统一量化考核，定量反映生态建设和生态保护成果，定量评估生态转移支付资金在生态环境保护和质量改善方面的使用效果，将考核结果作为生态转移支付资金奖惩和领导干部年度工作实际量化考核的重要依据。云南省还引入“一票否决制”，对当年县域内发生因人为因素引发的特大、重大突发环境事件等采取一票否决。提高当地政府的基本公共服务能力和引导当地政府加强生态环境保护是实施国家重点生态功能区转移支付制度的双重目标（李国平等，2014）。

3. 产业准入负面清单管理

在国家现有财力还不能完全弥补重点生态功能区的财政支出缺口，还不能完全解决社会就业等问题的情况下，为了切实保护生态功能，不断提高生态产品产出能力，2016年国家开始在重点生态功能区实施产业准入负面清单制度。根据2016年10月国家发展和改革委员会印发的《重点生态功能区产业准入负面清单编制实施办法》，负面清单编制要在开展资源环境承载能力评价的基础上，遵循“县市制定、省级统筹、国家衔接、对外公布”的工作机制，因地制宜制定限制和禁止发展的产业目录，完善相关配套政策，强化生态环境监管，确保严格按照主体功能定位谋划发展。在这个工作机制中，清单编制的责任在县市，落实责任也在县市，强化底线约束，将国家和地方性相关方案中已经明确的限制类和禁止类产业作为底线，依据所在重点生态功能区生态保护要求，结合现有产业状况，在《国民经济行业分类》（GB/T 4754—2017）目录中，细化从严提出需要限制、禁止的产业类型，提出管控要求，编制形成负面清单和相关说明文件，实现全国负面清单的电子化、标准化管理。国家引入第三方评估，对省级及以下执行负面清单实施绩效管理。

1.2　国家生物多样性保护优先区

1.2.1　基本情况

为了有效履行《生物多样性公约》缔约国义务，切实保护生态系统、物种和遗传多样性，应对生物多样性下降、生物物种资源流失、资源过度利用、外来物种入侵等威胁，2010年环境保护部发布了《中国生物多样性保护战略与行动计划（2011—2030年）》。该文件中规划了35个海洋和陆地生物多样性保护区，包括黄渤海、东海及台湾海峡、南海等 3 个海洋与海岸生物多样性保护优先区域，大兴安岭区、祁连山区、秦岭区等 32 个内陆陆地及水域生物多样性保护优先区域。内陆陆地及水域生物多样性保护优先区域涉及 27 个省（直辖市、自治区）、904 个县，总面积 276.26 万平方千米，占国土面积的 28.78%。32 个优先区大多以大面积的自然保护区、天然林区、重要湿地等为中心，整合周边的林场、森林经营所、集体林和其他荒野区而形成。由于生物多样性保护优先区与自然保护区保护目标的相近性，国家生物多样性保护优先区涵盖了国家级自然保护区总面积的 87.92%（侯鹏等，2017）。

1.2.2　管理行动与措施

依据《中国生物多样性保护战略与行动计划（2011—2030 年）》，环境保护部组织开展了生物多样性保护优先区域边界核定工作，并于 2015 年年底发布了《中国生物多样性保护优先区域范围》。2016 年起，环境保护部选择西双版纳、大巴山和鄂尔多斯—贺兰山—阴山 3 个生物多样性保护优先区，启动了县域生物多样性本底调查与评估项目，于 2016 年 8 月通过公开招标和评审，选择了一批高校和科研单位承担调查评估工作。总体来看，国家生物多样性保护优先区的保护工作目前还处于倡导、规划、本底调查的阶段，尚未形成完整的保护制度和保护体系。国家生物多样性保护优先区依托国家重点生态功能区、国家禁止开发区的相关政策、法规和规章进行管理，目前的管理主体以环境保护部为主，中央和省级环境保护部门主导，相关部门协作。近期的管理行动集中在如下几个方面：

1. 编制规划

除了编制国家层面的规划外，环境保护部要求各省（区、市）环境保护部门联合相关部门完成行政区内生物多样性优先区域保护规划编制工作，跨省（区、市）的优先区域保护规划由优先区域所涉及地区的省级环境保护部门联合编制。环境保护部还制订了优先区域保护规划编制指南，指导与协调各省（区、市）优先区域保护规划编制工作，拟在 2017 年年底前完成 35 个国家优先区的保护规划编制工作。省级环境保护部门正在推动优先区域保护规划纳入本地区经济和社会发展规划，争取政策和资金支持。规划编制指南提出，各个优先区规划编制要注重优化生物多样性保护网络，在自然保护区等规划的基础上，分析保护空缺，建设生物廊道，增强保护区间的连通性，在面积较小的重要野生动植物分布地建立保护小区，完善迁地保护体系，合理布局和建设动物园、植物园、标本馆和博物馆等迁地保护设施，继续加强种质资源库、保存圃和基因库建设，明确各个优先区的保护重点、保护网络优化方案和保护管理措施等内容，形成“一区一规划”“一区一策”的规划与保护措施。

2. 启动监管

由于国家生物多样性保护优先区域涵盖了数量众多的自然保护区、风景名胜区、森林公园、地质公园、湿地公园、种质资源保护区等，在目前尚未有优先区保护的具体法规和规章出台情况下，环境保护部门近年来严格按照有关法律法规和已有的规划要求，开展优先区域保护和监管，遏制自然生态系统功能下降，生物资源减少的态势。具体体现在：（1）新增规划和项目要将生物多样性作为环境影响评价的重要内容；（2）新增各类开发建设利用规划应与优先区保护规划相协调；（3）加强涉及优先区域建设项目环境保护事中、事后监管以及环境影响后评价管理，避免开发建设活动对生物多样性造成影响；（4）开展优先区域管理评估和监督检查，将结果向社会公开，对造成生物多样性破坏的相关党政领导干部进行责任追究。

3. 开启奠基性管理工作

目前各级环境保护部门倡导并已经实施了一些国家生物多样性保护优先区管理的基础性工作，包括：（1）开展优先区域生物多样性和相关传统知识的调查编目，构建生物多样性观测站网，对优先区域保护状况、变化趋势及存在的问题进行评估；（2）推动实施生物多样性保护试点项目；（3）推进生物多样性保护与减贫，发展替代生计，实现地区脱贫与生物多样性保护“双赢”；（4）在优先区域内开展农村环境连片整治示范工作；（5）加强宣传，鼓励和引导社会公众参与优先区域监督管理；（6）健全生物多样性保护资金投入机制，积极推动将优先区域纳入国家或省级生态补偿范畴，将生物多样性保护经费纳入各级财政预算，逐步建立生物多样性保护的长效投入机制。

1.3 国家禁止开发区

1.3.1 基本情况

根据《全国主体功能区规划》，国家禁止开发区包括国家级自然保护区、世界文化与自然遗产、国家级风景名胜区、国家森林公园、国家地质公园五类，共 1443 处，总面积约 120 万平方千米，占全国陆地国土面积的 12.5%。

国家禁止开发区以保护自然文化资源和珍稀动植物基因资源为首要目标，依据法律法规和相关规划实施强制性保护，严格控制人为因素对自然生态和自然文化遗产原真性、完整性的干扰，严禁不符合主体功能定位的各类开发活动，引导人口逐步有序转移，实现污染物“零排放”，提高环境质量。按照《全国主体功能区规划》规定，依法设立的省级及以下自然保护区、风景名胜区、森林公园、地质公园等，应确定为禁止开发区。截至 2016 年，我国禁止开发区各类保护地基础数据见表 1-2。我国禁止开发区各类保护地的保护对象、保护目标和保护严格程度各有侧重。

表 1-2　我国禁止开发区各类保护地基础数据（截至 2016 年）

类型	数量/处		面积/万 km^2	占国土面积的比例/%
	国家级	地方级		
自然保护区	428	2312	147.03	14.8
风景名胜区	225	737	19.37	2.02
森林公园	826	2408	18.54	1.92
地质公园	240	245	11.65	1.21
世界文化与自然遗产	50		—	—

1. 自然保护区

自然保护区是保护有代表性的自然生态系统、珍稀濒危野生动植物、有特殊意义的自然遗迹等对象的特殊保护管理区域。根据《中华人民共和国自然保护区条例》，自然保护区从定性上属严格保护区，设立这类保护区的目的是严格保护生态系统、生物多样性价值不受人类活动影响，维护生态安全，并主要用于科学研究和监测，严格限制公众游览和休闲活动，只允许在实验区范围内适度开展。

2. 世界文化与自然遗产

世界文化与自然遗产是依据《保护世界文化和自然遗产公约》《实施世界遗产公约操作指南》，在我国的既有保护地基础上建立起来的，旨在加强对遗产原真性的保护，保持遗产在艺术、历史、社会和科学方面的特殊价值，保护遗产完整性，保持遗产未被人为扰动的原始状态。

3. 风景名胜区

风景名胜区是国家依法设立的自然和文化遗产保护区域，以自然为基础，自然和文化融为一体，具有保护培育、文化传承、审美启智、科学研究、旅游休闲、区域促进等综合功能，是具有我国特色的一种自然文化资源保护地类型。国家严格保护风景名胜区内一切景物和自然环境，严格控制人工景观建设，禁止在风景名胜区从事与风景名胜资源无关的生产建设活动，对旅游规模进行有效控制，不得对景物、水体、植被及其他野生动植物资源等造成损害。

4. 森林公园

我国的森林公园主要是在国有林场基础上，在林业经营方式转型的背景下建立起来的，是一种森林资源的可持续利用方式。除必要的保护设施和附属设施外，国家禁止从事与资源保护无关的任何生产建设活动，在森林公园内以及可能对森林公园造成影响的周边地区，禁止进行采石、取土、开矿、放牧以及非抚育和更新性采伐等活动，不得随意占用、征用和转让林地，需根据规划控制设施建设，根据资源状况和环境容量对旅游规模进行有效控制。

5. 地质公园

地质公园主要是以保护具有美学观赏价值的地质遗迹为主，是以地质遗迹类自然保护区为基础发展起来的。国家规定，除必要的保护设施和附属设施外，禁止其他生产建设活动，禁止在地质公园及可能对地质公园造成影响的周边地区进行采石、取土、开矿、放牧、砍伐以及其他对保护对象有损害的活动，未经批准不得在地质公园范围内采集标本和化石。

1.3.2　管理体制与政策措施

依据我国的宪法和法律，国家对禁止开发区的国家级自然保护区、风景名胜区、森林公园、地质公园的管理是行业管理与属地管理相结合。从中央到地方的各行业管理部门对保护地实行分部门和分级管理。自然保护区由环境保护部门负责综合管理，林业、农业、国土、水利、海洋等有关行政主管部门在各自的职责范围内，主管有关的自然保护区[①]；风景名胜区由建设主管部门负责监督管理工作，其他有关部门负责有关监督管理工作[②]；森林公园由林业部门管理并负责经营[③]；地质公园则由国土部门管理[④]；各类保护地大多开展了各种形式的旅游活动，进行了 A 级景区评定，受各级旅游部门的市场引导与监管。地方政府管理所辖区域的禁止开发区域，国家法规明确要求地方县级以上人民政府设立相关管理机构，明确其职责，负责风景名胜区和自然保护区日常管理[⑤]。行业管理的主要政策措施如下：

1. 申请与准入管理

根据我国的相关法规和部门规章，具有代表性、基本处于自然状态或者保持历史原貌的自然景观和人文景观可以申请设立风景名胜区；具有典型和代表性、特殊保护价值的自然地理区域、自然生态系统区域，具有重大科学文化价值的自然遗迹等可以建立自然保护区；达到标准要求的国有林业局、国有林场、国有苗圃、集体林场可申请建立森林公园；具有代表性的地质遗迹保护区可申报国家地质公园。具有国家代表性的可申请建立国家级保护地，具有地方代表性的建立地方级保护地。设立国家级风景名胜区、国家级自然保护区，由省、自治区、直辖市人民政府提出申请，由国务院建设、环境保护主管部门会同有关部门组织论证，提出审查意见，报国务院批准公布。设立省级风景名胜区、自然保护区，由县级人民政府提出申请，省级建设、环境组织论证，提出审查意见，报省级政府批准公布。建立国家级森林公园、国家地质公园，分别由省级林业、国土主管部门提出书面申请，分别报国务院林业、国土部门组织论证和审批，建立地方级森林公园、地质公园，由下级林业、国土部门提出，报上级主管部门审批。审批通过的国家级自然保护区、风景名胜区由国务院发布，国家级森林公园、地质公园由国家林业局和国土资源部发布。地方级的风景名胜区、自然保护区由上一级地方政府发布，地方级的森林公园、地质公园由上一级行业主管部门发布。

2. 规划管理

行业管理部门对禁止开发区各类保护地规划编制程序、编制单位资质、规划要求与

① 《中华人民共和国自然保护区条例》第八条。

② 《风景名胜区条例》第五条。

③ 《森林公园管理办法》第三条、第四条。

④ 《关于加强国家地质公园申报审批工作的通知》（国土资厅发〔2009〕50 号）。

⑤ 《中华人民共和国自然保护区条例》第八条；《风景名胜区条例》第四条、第五条。

内容、规划审查与实施监督的管理是实现资源环境保护和履行监管职能的主要手段之一。国家级风景名胜区规划具有较高权威性，由省级人民政府住建主管部门负责编制，由省级人民政府审查后，报住建部牵头组织部际审查，通过后以国务院的名义发布。风景名胜区内的单位和个人应当遵守经批准的风景名胜区规划，服从规划管理。住建部门对风景名胜区规划实施和资源保护情况进行动态监测。环境保护部门会同国务院有关部门，在对全国自然环境和自然资源状况进行调查和评价的基础上，拟订国家自然保护区发展规划，报国务院批准实施。自然保护区管理机构或者该自然保护区行政主管部门组织编制各个自然保护区的建设规划，按照规定的程序纳入国家、地方或者部门规划，并组织实施。国土资源部和国家林业局对国家地质公园和国家森林公园的规划编制也有明确的程序、技术、实施等的规范和要求。

3. 监督管理

行业管理部门对禁止开发区各类保护地的管理手段包括推动立法、制定国家标准、向上级部门争取授权、制定部门管理办法和行业规章等，或者是获取国际公约执行监管、法规执法监管权，然后在系统内对保护地实行自上而下的行政管理与监督。行业管理依据的国际公约、法规、政策、部门规章见表 1-3。住建部门对世界自然遗产、自然与文化双遗产的申报、规划等进行过程辅导与监管，对列入名录的遗产地的资源保护、规划管理、展示利用等进行年度审查，定期进行检测报告审核，并逐步实现动态监管。住建部门对风景名胜区管理评估分为年度评估和定期评估，年度评估每年一次，定期评估每五年不少于一次。环境保护部组织对每个国家级自然保护区的建设和管理状况组织定期评估，每五年不少于一次。

表 1-3　禁止开发区各类保护地行业管理相关国际公约、法规、规章和国家标准

类别	发布机构	发布时间	名称
世界自然文化遗产	联合国教科文组织	1972 年 10 月	《保护世界文化和自然遗产公约》
	住建部	2015 年	《世界自然遗产、自然与文化双遗产申报和保护管理办法》
风景名胜区	国务院	2006 年 9 月	《风景名胜区条例》
	建设部	1999 年	《风景名胜区规划规范》国家标准
	住建部	2003 年 6 月	《国家重点风景名胜区总体规划编制报批管理规定》
	住建部	2015 年	《国家级风景名胜区管理评估和监督检查办法》

类别	发布机构	发布时间	名称
自然保护区	联合国教科文组织	1971 年	“世界生物圈保护区网络章程框架”
	国务院	1994 年 9 月	《中华人民共和国自然保护区条例》
	国土资源部 国家环保局	1997 年 7 月	《自然保护区土地管理办法》
	国家环保总局	2006 年 10 月	《国家级自然保护区监督检查办法》
	国务院	2013 年	《国家级自然保护区调整管理规定》
地质公园	国土资源部	1995 年 5 月	《地质遗迹保护管理规定》
	国土资源部	2009 年 6 月	《国土资源部办公厅关于加强国家地质公园申报审批工作的通知》
	国土资源部	2015 年 7 月	《国家地质公园规划编制技术要求》
森林公园	国家林业局	2011 年 5 月	《国家级森林公园管理办法》
	国家林业局	2016 年 9 月	《森林公园管理办法》

资料来源：根据有关部门官方网站资料整理（2017 年）。

1.4　国家生态保护红线区

1.4.1　基本情况

根据中办、国办 2017 年 2 月印发的《关于划定并严守生态保护红线的若干意见》，生态保护红线是在水源涵养、生物多样性维护、水土保持、防风固沙等生态功能重要区域，以及水土流失、土地沙化、石漠化、盐渍化等生态环境敏感脆弱区域，根据环境保护部发布的《生态保护红线划定技术指南》规定的技术规程，将两类区域进行空间叠加而划定的。生态保护红线应涵盖所有国家级、省级禁止开发区域，以及有必要严格保护的其他各类保护地等。生态红线制度以改善生态环境质量为核心，以保障和维护生态功能为主线，按照山水林田湖系统保护的要求，实现一条红线管控重要生态空间，确保生态功能不降低、面积不减少、性质不改变，维护国家生态安全，促进经济社会可持续发展。《关于划定并严守生态保护红线的若干意见》要求 2020 年年底前，全面完成全国生态保护红线划定，勘界定标，形成生态保护红线全国“一张图”，基本建立生态保护红线制度。2014 年以来，全国 31 个省（自治区、直辖市）均已开展生态保护红线划定工作，部分省份已经完成了生态保护红线区的划定，如 2017 年 2 月贵州省公布全省生态保护红线范围，其保护红线区由禁止开发区、5000 亩以上耕地大坝永久基本农田、重要生态公益林和石漠化敏感区四大类 12 个小类区域组成，扣除重叠部分，为 56236.16 平方千米，占全省国土总面积的31.92%。

1.4.2 管理体制与政策措施

目前国家对生态保护红线划定与管理实行中央与地方分级管理。环境保护部、国家发展和改革委员会会同有关部门提出各省（自治区、直辖市）生态保护红线空间格局和分布意见，承担跨省域的衔接与协调，指导各地划定工作，形成全国生态保护红线，并向社会发布后实施。省（自治区、直辖市）级政府要按照相关要求，负责组织各省生态保护红线划定工作，会同有关部门进行衔接、汇总。地方各级党委和政府是严守生态保护红线的责任主体，各级地方政府必须以生态保护红线作为相关综合决策的重要依据和前提条件，履行好保护责任，各有关部门按照职责分工，进行日常巡护和执法监督，共守生态红线。

1. 管控与监管

生态保护红线原则上按禁止开发区的要求进行管理，需要调整的，由省级政府组织论证，提出调整方案，经环境保护部、国家发展和改革委员会会同有关部门提出审核意见后，报国务院批准。环境保护部、国家发展和改革委员会、国土资源部会同有关部门建设和完善生态保护红线综合监测网络体系，布设相对固定的生态保护红线监控点位，及时获取生态保护红线监测数据。建立国家生态保护红线监管平台，加强监测数据集成分析和综合应用，及时评估和预警生态风险，提高生态保护红线管理决策科学化水平。及时发现破坏生态保护红线的行为，对监控发现的问题，通报当地政府，由有关部门依据各自职能组织开展现场核查，依法依规进行处理。建立生态保护红线常态化执法机制，定期开展执法督查，及时发现和依法处罚破坏生态保护红线的违法行为，健全行政执法与刑事司法联动机制。

2. 评价与考核

环境保护部、国家发展和改革委员会会同有关部门建立生态保护红线评价机制。从生态系统格局、质量和功能等方面，建立生态保护红线生态功能评价指标体系和方法。定期组织开展评价，评价结果作为优化生态保护红线布局、安排县域生态保护补偿资金和实行领导干部生态环境损害责任追究的依据，并向社会公布。对各省（自治区、直辖市）党委和政府开展生态保护红线保护成效考核，并将考核结果纳入生态文明建设目标评价考核体系，作为党政领导班子和领导干部综合评价、责任追究和离任审计的重要参考。对违反生态保护红线管控要求、造成生态破坏的部门、地方、单位和有关责任人员，按照有关法律法规和《党政领导干部生态环境损害责任追究办法（试行）》等规定实行责任追究。

3. 信息发布与公众引导

环境保护部、国家发展和改革委员会会同有关部门定期发布生态保护红线监控、评价、处罚和考核信息，各地及时准确发布生态保护红线分布、调整、保护状况等信息，保障公众知情权、参与权和监督权。加大政策宣传力度，发挥媒体、公益组织和志愿者作用，畅通监督举报渠道。

1.5　其他自然保护区域

1.5.1　基本情况

为实现自然保护的目标，除上述自然保护区域类型外，中央政府相关部门在各自依法管理的国土上，还建立了其他一些自然保护区域，建立在陆地国土上的有国家湿地公园、国家沙漠公园、国家水利风景区、国家水产种质资源保护区，建在海洋国土上的有海洋自然保护区、海洋特别保护区、国家级海洋公园等。国家湿地公园以保护湿地生态系统完整性、维护湿地生态过程和生态服务功能为主，充分发挥湿地的多种功能效益、开展湿地公众游览、休闲，进行科学、文化和教育活动，与湿地自然保护区、保护小区、湿地野生动植物保护栖息地以及湿地多用途管理区等共同构成湿地保护管理体系。国家沙漠公园以保护荒漠生态系统、合理利用沙漠资源为目的，保护沙区野生动植物资源、自然人文资源，修复可治理的沙化土地，大力恢复林草植被，提高荒漠生态系统功能，发展生态旅游和绿色产业，探索荒漠生态保护与生态产业协同发展模式。国家水利风景区主要以保护水域（水体）、水利工程及相关联的岸地、岛屿、林草、建筑等为主，可以开展旅游、科教等活动。国家水产种质资源保护区以保护具有较高经济价值和遗传育种价值的水产种质资源及其主要生长繁育区域为核心，划定水域、滩涂及其毗邻的岛礁、陆域，予以特殊保护和管理。海洋自然保护区是国家为保护海洋环境和海洋资源而划出界线加以特殊保护的具有代表性的自然地带，是保护海洋生物多样性，防止海洋生态环境恶化的措施之一。国家级海洋公园是为保护海岛与海洋生态系统的健康、安全，为海洋生物提供栖息、繁育和觅食的场所，有效保护和恢复区域生物多样性，为公众提供生态环境良好的滨海休闲娱乐空间，能促进海洋文化的提升和传播而建立起来的海洋保护区形式。海洋特别保护区是对具有特殊地理条件、生态系统、生物与非生物资源及海洋开发利用特殊需要的区域采取有效的保护措施和科学的开发方式进行特殊管理的区域。截至 2016 年，我国上述各类保护区域基础数据见表 1-4。

表 1-4　几类保护地的基础数据（截至 2016 年）

	数量/处	面积/万 km^2	占国土面积的比例/%
国家湿地公园	979	3.19	0.33
国家沙漠公园	55	0.297	0.03
国家水利风景区	2500	—	—
国家水产种质资源保护区	464	15.72	1.63
国家海洋保护区	148	10.16	1.16
国家级海洋公园	42	4.1	0.43

资料来源：根据各部委（局）官网数据整理。

1.5.2　管理政策与方式

国家湿地公园、国家沙漠公园、国家水利风景区、国家水产种质资源保护区、海洋自然保护区、海洋特别保护区、国家级海洋公园等分别由林业、水利、农业、海洋等不同部门管理，管理活动主要在部门系统内进行，分三级管理，管理方式包括准入、规划建设、动态监管三种方式。

1. 准入管理

林业、水利、农业、海洋等部门依法管理不同的国土空间，把各自管理的国土空间上符合标准的部分建设成为保护区域，通过建设与合理游憩利用等方式，实现保护目标。例如，根据国家林业局 2013 年发布的《湿地保护管理规定》，湿地保护方式包括建立湿地自然保护区、湿地公园、湿地保护小区、湿地多用途管理区等，达到国家重要性标准的建设成为国家重要湿地，达到国际标准的申请进入国际重要湿地。根据农业部 2011 年发布的《水产种质资源保护区管理暂行办法》，我国国家和地方规定的重点保护水生生物物种、水产种质资源、水产养殖对象原种苗种的主要生长繁育区域可建设成为国家或地方水产种质资源保护区。国家海洋局 2010 年发布的《海洋特别保护区管理办法》《国家级海洋公园评审标准》等也规定了相关的准入标准。各类保护地符合条件的备选区由县级政府或行业部门按标准提交申报材料，提出申请，省级行业主管部门和部局分级审批后发布。例如，根据水利部2004年发布的《水利风景区管理办法》，国家级水利风景区由景区所在市、县人民政府提出水利风景资源调查评价报告、规划纲要和区域范围，省级水行政主管部门或流域管理机构依照《水利风景区评价标准》审核，经水利部水利风景区评审委员会评定后，由水利部公布。省级水利风景区，由景区所在地市、县人民政府提出资源调查评价报告、规划纲要和区域范围，报省级水行政主管部门评定公布，并报水利部备案。国家林业局对国家湿地公园、国家沙漠公园实行试点建设制度，规定5年的建设期，建设完成后由省级林业主管部门提出申请，国家林业局组织验收。对验收合格的，授予国家湿地公园、国家沙漠公园称号；对验收不合格的，令其限期整改；整改仍不合格的，取消其试点资格。

2. 规划建设

林业、水利、农业、海洋等行业管理部门在相关部门规章中都明确了各类保护地规划编制的组织者、编制单位资质、评审和报批程序等。国家林业局和水利部分别于2010年发布了《国家湿地公园总体规划导则》和《水利风景区规划编制导则行业标准》（SL 471—2010），国家林业局编制了《国家沙漠公园发展规划（2016—2025年）》，提出到2025年全国将重点建设国家沙漠公园359个，通过沙漠公园建设，有效保护沙区野生动植物资源、自然人文资源，修复可治理的沙化土地，大力发展生态旅游和绿色产业，不断改善沙区人民群众生活生产条件。规划评审通过以后，由县级行业管理部门、县级政府或具体的保护地管理机构按照规划进行建设。

3. 动态监管

林业、水利、农业、海洋等行业管理部门规定了对已建保护地的环境监测、建设验收、管理抽检等制度，林业、水利等行业管理部门对湿地公园、沙漠公园、水利风景区还有明确的退出制度。国家林业局依照国家有关规定组织开展国家湿地公园的检查评估工作，对不合格的，可能取消其国家湿地公园称号。水利部正在酝酿择机出台《进一步做好水利风景区动态监管的通知》，建立“景区自查、省厅复查、水利部抽查”的三级联动监管，积极应用现代“互联网+”技术，建设水利风景区监管技术系统，探索建立国家水利风景区淘汰退出机制，推进水利风景区水质监控平台建设，加强水利风景区内重要水域水体水质监测，建立预报预警系统，实时监测水利风景资源开发和水质动态变化。

第2章　我国自然保护区域管理体制的解构

作为自然保护主要空间载体的国家重点生态功能区、国家禁止开发区、国家生态保护红线区、国家生物多样性保护优先区等承载着不同的自然保护目标，国家对各类自然保护区域的管理体制、政策措施与方法手段等各有不同。总体来看，十八大以后，伴随着生态文明建设上升为国家战略，自然保护正在成为国家行动，保护面积大幅扩展，保护强度和力度不断加强。但相对于保护与实际工作要求，我国自然保护管理体制机制改革严重滞后，既有的行政管控模式和分部门、分层级多主体管理格局还在延续。本章试图对我国各类自然保护区域的管理部门、管理体系、管理方式等进行内部结构分解和深入剖析，分析各类自然保护区域管理体制的特征、形成机理、存在的问题及原因，为后面各章重构路径与方案设计识别出需要解决的问题。

2.1　当前管理体制的特征

2.1.1　多部门多层级的“条条管理”

我国的自然保护涉及发改、财政、环保、国土、林业、农业、水利、海洋等多个部门的行业管理（俗称“条条管理”）。发改、财政部门主要负责宏观层面的政策制定、规划编制、财政资金投入与管理等，环境保护部门主要负责保护绩效的考核标准制订及其监督管理。目前发改、财政、环境保护部门是国家重点生态功能区和生态红线保护区宏观管理的执行主体，各级发改、财政、环境保护部门按规划确定纳入保护的县级行政单位名单、县域产业发展负面清单编制、转移支付额度确定、地方保护目标确定与绩效考核等，通过目标设定、严格考核、转移支付等手段进行调控与管理，生态红线制度中严格的行政问责与行政执法是政策实施的强力推进手段。国家重点生态功能区和生态红线保护区已经或即将成为我国自然保护推进力度最大、实效最突出的领域。林业、国土、农业、水利、海洋部门分别是森林公园、生态公益林、天然保护林、地质公园、矿山公园、地质遗迹保护区、农业水产种质资源保护区、水利风景区、海洋保护区与海洋公园的归口管理部门，负责自然保护区域的地域管理、资源管理、利用强度管理等，通过行业政策制定、评审、检查、监督等措施，推动区域的规划、建设和管理符合国家规范和法规要求，促进建设管理水平提高，并提供行业内部人才培训、推动行业内部交流等。不同层级政府的相关部门履行分级管理职能，每一级部门通过内设机构履行具体职能。国务院各部门具体管理保护区域的内设司（局）、处（办）见表 2-1。以云南省为例，云南省自然保护区域管理的部门厅（局）与内设处（办）见表 2-2。

表 2-1　中央政府自然保护管理的部门与主要内设机构

部（局）	司（局）	处（办）	职责
国家发展和改革委员会	资源节约与环境保护司 发展规划司 社会发展司	环境保护处 专项规划处 生活质量处	拟订节约能源、资源综合利用和发展循环经济的法律法规和规章，研究提出环境保护政策建议，负责委内环境保护工作的综合协调，参与编制环境保护规划等； 负责编制跨行业、综合性的专项规划，负责其他专项规划等与国家中长期规划的衔接，负责专项规划之间的衔接；负责国家公园体制建立试点的具体工作
环境保护部	自然生态保护司	生态功能保护处	拟订生态功能区划、生态功能保护区和生态脆弱区建设与管理的政策、规划、法规、标准，并监督执行；开展全国生态状况评估；协调和监督湿地环境保护、荒漠化防治工作；监督自然资源开发利用活动中生态环境保护工作；参与监督指导旅游生态环境保护工作
		自然保护区管理处	拟订自然保护区建设和管理的政策、规划、法规、标准，并监督执行；组织新建和调整各类国家级自然保护区的评审工作；指导、协调、监督检查各种类型的自然保护区、风景名胜区、森林公园的环境保护工作；组织推动国家公园建设
财政部	农业司	综合处 林业处 水利处	管理和分配农业、林业、水利、移民、气象、农村综合改革等有关财政支农转移支付和政府性基金，拟（修）订资金管理制度和办法，管理监督资金使用情况
住房和城乡建设部	城市建设司	风景名胜区管理处	承担国家级风景名胜区、世界自然遗产和世界自然与文化双重遗产项目的有关工作
国家林业局	野生动植物保护与自然保护区管理司	自然保护区管理与生物多样性保护处	承担森林和陆生野生动物类型自然保护区、森林公园的有关管理工作
国土资源部	地质环境司	环境处	监督管理古生物化石、地质遗迹、矿业遗迹等重要保护区、保护地的工作

部（局）	司（局）	处（办）	职责
国家海洋局	生态环境保护司	监督管理处	组织起草海洋自然保护区和特别保护区管理制度和技术规范并监督实施，完善海洋生态补偿制度，组织开展海洋生物多样性保护工作，组织实施重大海洋生态修复工程。负责海域使用、海岛保护及无居民海岛开发利用、海洋生态环境保护
		生态保护处	
水利部	综合事业局（水利风景区建设领导小组办公室）	景区规划建设处	与部规划计划司一起，做好水利风景区规划设计的指导和审批工作；会同水资源司做好水利风景区水资源开发、利用、节约、保护及水生态修复工作；会同建设与管理司将水利风景区建设管理纳入水利工程建设管理范畴，同时建设和验收，统一进行考核；技术指导和服务
		景区监督与技术处	
农业部	渔业渔政管理局	资源环保处	指导水生野生动植物保护管理和开发利用工作，承担《濒危野生动植物物种国际贸易公约》等国际公约履约工作。负责水产种质资源保护区、水生野生动植物自然保护区和水生生物湿地、水生生物保护区的划定、建设和管理工作

资料来源：根据各部委官方网站信息整理（2017 年 5 月）。

表 2-2　云南省自然保护管理的部门与主要内设机构

厅（局）	处（办）	职责
国家发展和改革委员会	发展规划处 地区经济处 资源节约和环境保护处	组织拟订主体功能区规划，并对规划实施情况进行监测和评估；参与拟订生态建设与环境整治规划；组织实施主体功能区规划；提出区域经济发展和国土整治、开发、利用、保护的政策建议；研究提出环境保护政策建议，参与编制环境保护规划，组织拟订促进环保产业发展和推行清洁生产的规划和政策；提出资源节约和环境保护相关领域省财政性贴息资金和补助资金，以及能源资源节约综合利用、循环经济和有关领域污染防治重点项目省财政性贴息、补助投资安排建议等
财政厅	农业处	管理和分配相关领域财政支农转移支付和政府性基金，拟（修）订资金管理制度和办法，管理监督资金使用情况；统筹协调财政支农资金整合相关事宜；加强财政支农资金监督管理
环境保护厅	自然生态保护处	组织编制全省自然保护区发展规划，提出国家级、省级自然保护区新建和调整的审批建议；指导、协调、监督各种类型的自然保护区、风景名胜区、森林公园环境保护工作，协调和监督野生动植物保护、石漠化防治工作；组织协调生物多样性保护、生物物种资源（含生物遗传资源）保护工作；承担省级自然保护区评审委员会办公室、云南省生物多样性保护委员会办公室的日常工作
林业厅	野生动植物保护与自然保护区管理处	指导陆生野生动植物的救护繁殖、栖息地恢复发展；承担森林和陆生野生动植物类型自然保护区和森林公园的有关管理工作；负责国家公园的规划、管理和监督；组织协调林业有关国际公约履行，实施生物多样性保护国际合作项目；按照分工负责生物多样性保护和管理工作
	湿地保护管理办公室	组织、协调、指导和监督湿地保护工作；拟订湿地保护规划，按照国家湿地保护的有关标准和规定，组织实施建立湿地保护小区、湿地公园等保护管理工作；监督湿地的合理利用；组织、协调国际湿地公约履约的有关工作

厅（局）	处（办）	职责
国土资源厅	地质环境处	组织、协调和监督地质环境保护、地质灾害防治工作；承担监督管理古生物化石、地质遗迹、矿业遗迹等重要保护区、保护地的工作等
住房与城乡建设厅	风景名胜区管理处	拟订风景名胜区的发展规划、政策并指导实施；负责世界自然遗产的审查报批和监督管理；会同文物主管部门审核世界自然与文化双重遗产的申报；负责风景名胜区内生物多样性保护工作；负责国家级风景名胜区总体规划、详细规划的组织编制和报批；负责省级风景名胜区总体规划的审查报批和详细规划的审批；负责国家级、省级风景名胜区内建设项目选址核准
水利厅	工程管理局	负责全省水利工程管理单位的行业管理和业务指导，组织指导全省水利多种经营，归口管理水利旅游和水库渔业，组织指导全省水生态修复及水利风景区建设与管理工作，负责拟定全省水利风景区发展规划、年度建设计划并监督实施等

资料来源：根据云南省各厅局官方网站信息整理（2017 年 5 月）。

2.1.2　属地政府行政管辖导向的“块块管理”

按照相关政策和法规，国家重点生态功能区、国家生态保护红线区实行中央、省、县三级管理，纳入保护区域的县级政府履行限制大规模工业化与城镇化开发、产业发展负面清单管理、禁止开发区与生态红线区严格保护、基本公共服务保障等保护职责，接受上级的评估与考核。在禁止开发区，县级以上人民政府依法设立自然保护区、风景名胜区、地质公园等管理机构，作为地方政府的派出机构执行规划、保护与建设职权。森林公园大多是在原来的国有林场经营转型后建立起来的，湿地公园由地方政府或其下辖的林业部门建立，其管理机构一般是地方林业部门的下属单位。国家水利风景区的管理机构一般是原流域管理、水利工程管理机构，一般是隶属于当地水利部门的事业单位或下属机构。在实践中，一些资源品位较高，旅游吸引力较大，经济收益较好的森林公园、湿地公园、水利风景区管理机构也被纳入地方政府直属事业单位。属地政府按照地方事业单位的管理办法，拥有组织人事、财务管理、资产处置等直接的行政管辖权，并对保护地管理机构进行绩效管理。

1. 组织人事管理

各类保护地管理机构的编制、事业经费由地方政府下达，负责人由地方政府委任。按照党管干部的组织原则和组织程序，管理机构领导班子在地方范围内调配，其任命、考评由地方政府组织部门按照有关组织程序进行。管理机构的一般员工按照机构编制数额和人员结构比例由地方政府机构编制部门管理核定。若管理机构需招聘人员，必须按空缺岗位编制计划上报招聘岗位及条件、招聘人员的数量等，由地方政府人事部门组织招考，经管理机构试用后，成为合同制在编事业单位人员。

2. 财务管理

地方政府一般将保护地财务收益纳入地方财政部门综合预算管理，实行“收支两条线”制度，通过实施“单位开票、银行代收、财政统管”等非税收入征管机制，门票收入和经营收益实现“应缴尽缴”，进入本级财政管理体系。管理机构的财务支出由财政部门按照执收单位履行职能需要及年初批准的预算予以核拨。地方财政部门对管理机构的“收支两条线”管理内容不仅包括单纯的收支管理，而且包括多个具体相关的工作内容。在收入管理方面，包括项目审批、标准核定、票据管理、征收体制、账户设置等方面的管理；在支出方面，包括部门预算、核拨制度、核定事业发展定额、实行项目库等方面的管理。

3. 建设项目管理与资产处置

在建设项目管理方面，保护项目建设经过行业部门按照程序批准后，都通过地方政府发改部门立项报批，进入项目库，在建设部门的监督下公开招投标选择承包商进行。在资产管理与处置方面，不少地方政府把管理机构的一些经营性资产无条件划拨国有旅游企业，对管理机构的资产全部纳入国务院国有资产监督管理委员会的监管之下，按照国有资产管理的有关规定，进行监督管理。

4. 绩效管理

不少地方政府对保护地管理机构履行职责状况、目标任务完成情况，通过绩效评估和绩效管理来实现，对各管理机构目标执行情况进行综合考评。考评指标包括经济指标、预算及财务管理指标、旅游行业管理指标、民主法治、综合治理和精神文明建设等不同方面，根据考评结果对管理机构工作作出评判，与干部任用提拔、干部员工奖金发放挂钩。

2.1.3 一元主体的全能治理

我国重点生态功能区、生态保护红线区的执行主体是县一级政府，在中央和省级政府的目标考核和领导干部环境损害责任追究等制度的约束下，对县域内的保护区域实施监督管理。自然保护区、风景名胜区、森林公园、地质公园、海洋保护区等在各级行业管理（俗称“条条管理”）部门的准入管理、规划管理、动态监管和业务指导下，在地方政府及其业务部门行政管理（俗称“块块管理”）的人事管理、财务管理、资产管理、建设项目审批与管理等的约束下，基层管理单位承接各行业管理部门的评估、检查、评比等监管活动，负责国家法律法规、部门规章、方针政策在保护地的实施与落地，同时又是地方政府的派出机构，接受地方政府的行政管理。实践中，由于禁止开发区各类保护地“一地多牌”的现象十分突出，同一个保护地可能拥有风景名胜区、自然保护区、森林公园、地质公园、世界自然文化遗产等多个头衔，受多部门监管，但各保护地一般按照“多块牌子，一套班子”的原则设置管理机构，实体化运作的基层管理机构一般只有一个，保护地管理机构实质上是一元的。“一元主体”制度的形成和确立使保护地权责明确，目标凝聚，减少了交易成本，实现了较高的管理效率。因此，我国禁止开发区各类保护地虽接受多部门、多层级的条块管理，但微观管理主体是“一元化”的，正所谓“上面千条线，下面一根针”。可见，“条块约束下的一元主体制”是我国自然保护区域管理体制的基本模式。“条块约束下一元主体全能型治理”是当前保护地政府治理模式的本质特征。在目前我国的政体特征下，基层管理单位基本上都是党政合一的业务型组织，普遍采用职能型组织结构和任务型临时组织相结合的组织机构模式（图 2-1）。

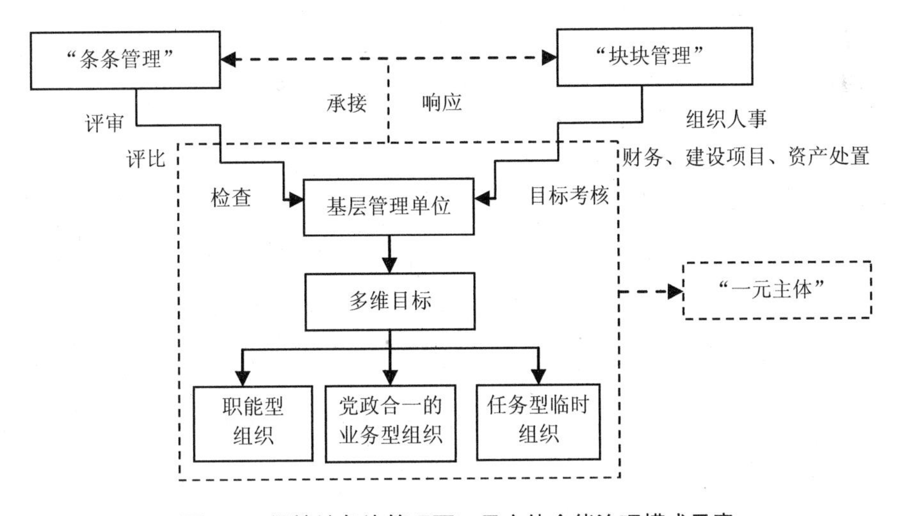

图 2-1　保护地条块管理下一元主体全能治理模式示意

2.2　当前管理体制形成的法理逻辑

我国的自然保护区域由山脉、河湖、森林、草甸、湿地等自然资源有机组成，根据宪法和法律，其资源所有权绝大部分属于国家所有，部分属于集体所有，全体国民共有的自然资源产权经过层层委托代理行使（图 2-2）。

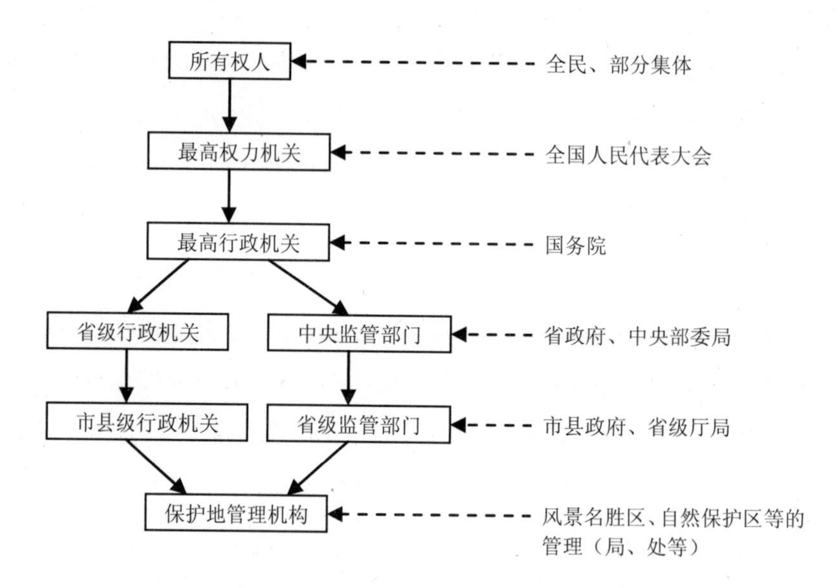

图 2-2　保护地政府治理委托代理链示意

从法理上看，全国人民代表大会及其常务委员会是全体国民的代表，全国人民代表大会及其常务委员会授权国家最高行政机关——国务院代行国有自然资源保护和国有资产管理职责，全国人民代表大会行使监督权。国务院通过制定相关法规，按照政府行政体系，进行再授权，由各部（委、局）及地方政府实行分部门和分级管理。从部门授权看，重点生态功能区、生态保护红线区和生物多样性保护优先区由国务院授权国家发展和改革委员会、环境保护部、财政部、国土资源部履行各自的管理监督权。在法定和部门设立的保护地中，自然保护区由环境保护部门负责综合管理，林业、农业、地矿、水利、海洋等有关行政主管部门在各自的职责范围内，主管有关的自然保护区[①]；风景

①《中华人民共和国自然保护区条例》第八条。

名胜区由住房和城乡建设部门负责监督管理工作，其他有关部门负责有关监督管理工作①；森林公园、湿地公园、沙漠公园由林业部门负责建立、指导、监督、管理和经营②；地质公园由国土部门管理③；水利风景区由各级水利部门负责建设、管理和保护工作④；海洋保护区、海洋特别保护区、海洋公园由各级海洋主管部门负责建立、监督与管理⑤；农业部和县级以上地方人民政府渔业行政部门主管全国水产种质资源保护区工作⑥。不少各类保护地开展了各种形式的旅游活动，一些还进行了 A 级景区评定，受各级旅游部门的市场引导与监管。从地方授权看，国务院授权省级政府管理所辖区域的自然资源，省级政府相关厅局基本按照与中央政府“上下对齐”的原则各自具体负责各类自然区域的管理。同时，国家法规明确要求地方县级以上人民政府设立相关管理机构，明确其职责，负责风景名胜区和自然保护区日常管理⑦，相关部门规章也明确了每一个森林公园、湿地公园、沙漠公园、地质公园、水利风景区、海洋公园等都要设立管理机构，实践中有管理局、管理处、管理委员会等不同的称谓。

我国自然保护领域“条块结构”的管理体制是由行政管理“一体两面”的特点决定的。我国政府间纵向层级体制的“条块结构”形成于 1949—1956 年，改革开放以后，在发展目标的导向下，中央政府通过授权，条块体制出现了不同的形式（薛立强，2009），行政体制中的“条条”主要有实行垂直管理的“条条”和接受双重管理的“条条”（周振超，2007）。我国的“条块结构”以职能为“经线”形成的机构（“条条”）镶嵌于各层级政府（“块块”）之中，是各层级政府本身的组成部分，“条块结构”与职责同构相结合，导致“从中央到地方各个层级的政府大体上同构”，形成中国政府间纵向关系的“一体两面”（朱光磊和张志红，2005）。我国保护地的治理模式浓缩地体现了行政体制中的“条块结构”特点，多部门的“条条”管理和属地政府的“块块”结合，同级“条条”隶属于“块块”，“条条”上下竖直，“块块”横向连通。

---

①《风景名胜区条例》第五条。

②《森林公园管理办法》第三条、第四条；《国家湿地公园管理办法（试行）》第三条；《国家沙漠公园试点建设管理办法》第四条。

③《关于加强国家地质公园申报审批工作的通知》（国土资厅发〔2009〕50 号）。

④《水利风景区管理办法》第七条。

⑤《海洋特别保护区管理办法》第五条。

⑥《水利风景区管理办法》第七条。

⑦《中华人民共和国自然保护区条例》第八条；《风景名胜区条例》第四条、第五条。

2.3　当前管理体制存在的问题

2.3.1　空间交叉重叠、功能缺乏整合、保护风险突出

在我国的各类自然保护区域中，国家重点生态功能区经扩容后，面积最大，涉及 676 个县（市、区），约占国土面积的 53%。国家禁止开发区是国家重点生态功能区中的点（块）状区域，占全国陆地国土面积的 12.5%。内陆及水域生物多样性保护优先区域涉及 904 个县，占国土面积的 28.78%，从涉及的县级行政区看，超出了国家重点生态功能区的范围，但大部分包含在国家重点生态功能区中，特别是与生物多样性维护型生态功能区大部分重合。国家生态保护红线区以国家及省级重点生态功能区为基础，包含了全部的国家级、省级禁止开发区，以及根据环境保护部技术指导标准识别的生态功能重要区域，再加上部分生态环境敏感区和脆弱区，一些试点省把永久基本农田、重要生态公益林等也纳入，生态保护红线与耕地保护红线又交叉重叠起来。根据环境保护部卫星环境应用中心侯鹏等（2017）的研究，作为国家禁止开发区主体部分的国家级自然保护区与国家生物多样性保护优先区、国家重点生态功能区的重叠面积分别占国家级自然保护区总面积的 87.92%和 75.42%，国家生物多样性保护优先区与国家重点生态功能区重叠面积占到其面积的 62.59%，国家重点生态功能区与国家生物多样性保护优先区重叠面积占其面积的 45.78%。合图后这三类国家自然保护区域总面积为 488.42 万平方千米，占全国陆地国土面积的 51.38%。

随着生态保护红线制度的推行，各省确定生态保护红线范围，国家统一平衡划定全国生态保护红线“一张图”后，如果再把国家禁止开发区的点（块）全部叠加，我国各类自然保护区域的交叉重叠情况还会更加复杂。实际上，各类规划确定的自然保护区域的边界并不明确，如《全国主体功能区规划》确定的 25 个国家重点生态功能区在管理政策执行中只能按照县级行政区来执行。国家生物多样性保护优先区虽然明确了各个优先区所涉及的自然保护区、林区、湿地，涉及的市县、乡镇等，但由于没有编制省级、县级规划，其具体边界也不明晰。

我国通过空间规划形成的这些自然保护区域和保护地形式，并非是基于一个标准进行划分的，既有基础性规划，也有应急性规划，规划形成的保护区域功能和目标导向不

一，缺乏有效的整合。国家重点功能区主要是通过转移支付等调控手段，实现产业类型限制和城镇化发展管控，保障其生态公共产品的供给能力。生物多样性保护优先区着眼于遏制我国生物多样性下降、生物物种资源流失加剧的趋势，保护生物多样性。生态保护红线着眼于守住生态保护底线，维护国家生态安全。禁止开发的各类保护地形式是不同时期环境保护及相关应急性政策实施形成的。各类保护区域没有基于同一目标的功能分解与整合，是基于多目标的各种规划在国土空间上的叠加。由于这些自然保护区域本身存在多头管理、交叉管理，重叠交叉和多目标导向加剧了管理的复杂性和低效性。如果不充分利用国家公园体制建设、自然资源确权登记等生态文明体制建设的机遇，统一各类自然保护空间规划，进行有机整合，理清管理体制，我国自然保护领域管理的低效和无效的趋势还会延续下去，可能会出现“保护体系越多，越保护不好”的局面。

2.3.2　代理主体多元、产权主体缺位、公益目标扭曲

我国保护区域的自然资源绝大部分属于国家所有，所有权属于全体国民，但国有产权经过层层委托代理行使，名义上属全民所有，而实际上各级行业管理部门和属地政府都可以代表国家行使所有权，其产权主体并不明确。在这一条委托代理链中，全民资源的所有者代表多环节化，从国务院部委到省市的厅局，到市（县、区）一级地方政府，再到保护地管理机构，甚至有几十个环节之多，国家缺少一个专门、稳定、权威的机构代表国家行使所有权职能，造成所有者的事实缺位和虚化。作为全民所有的公共资源，理应成为全民共有的公共性、福利性资产，为全体国民提供生态、游憩、教育、科考等公共价值，但经过层层委托和多主体代理，资源所有人的利益被忽略，自然资源的初始属性被扭曲。层层代理中的信息损耗和监督缺失，使初始委托人的利益最终被异化，特别是委托代理关系中契约约定的权责利不明晰时，代理人的自利倾向，进一步扭曲了被委托人的权利。实践中，全国保护地门票一涨再涨、服务性收费垄断虚高，而且民众购买公共资源游憩权的高额付出并未成为全民福利性收入，而是成为一些部门和地方政府的收益，失去全民所有的社会公平性。同时，经济利用导向还把国民对国家公共自然资源的游憩利用导向私人产品消费，引起自然资源消费价值观扭曲，并最终影响自然资源保护。

2.3.3　管理权纵横分割、保护碎片化、低效锁定化

如前所述，目前我国自然保护区域的管理权，横向上进行了部门分解。首先陆地国土与海洋国土分治，海洋国土上的自然保护管理权由国土资源部下属的国家海洋局统一

行使。陆地国土上的自然保护按照空间规划，分部门行使。国家重点生态功能区的管理由发改部门牵头，财政、环境保护部门参与，国家生物多样性保护优先区目前主要由环境保护部门规划和管理，国家生态保护红线区的管理由环保、发改部门主导，国土部门参与。三类区域的共同核心部分是国家禁止开发区，禁止开发区内各种类型的保护地管理主体相当复杂，涉及住建、林业、国土、农业、文物文化、旅游等多个部门，还涉及地方政府及其相关部门设立的管理机构。这样，我国自然保护领域的管理权在 10 多个部门之间分配。各个部门各有各的“尚方宝剑”（法规、政策依据、国务院“三定”方案等），各有各的管理“地盘”（保护区域类型）、各有各的管理目标与侧重点。这种划部门而治的管理体制导致了严重的制度性碎片化（institutional fragmentation），包括管理权分割导致的“结构性碎片化”和完整的生态系统被分割导致的“功能性碎片化”。“水里和陆地的不是一个部门管，一氧化碳和二氧化碳不是一个部门管”“环保不下水，水利不上岸”等就是结构性碎片化的写照。“功能性碎片化”是指由于体制机制问题，自然保护区域完整生态系统服务功能被切割而破碎，如我国各类保护区域中的草原与大型高山草甸，在当前的体制机制中，被列为是农业部门的畜牧业和草原监理相关职能部门监管，其生态系统服务功能被经济利用取代。再如，直辖市或市级行政区范围内的风景名胜区的管理权由管理城市园林建设的园林部门行使等。这些管理权的配置方式与国家生态文明体制建设取向和自然保护区域管理目标取向有明显的结构性冲突。

纵向上看，我国自然保护涉及的 10 多个部门都有中央、省、市、县四个层级，中央部委、省级厅局、市县局又分别设置专门的司、处（办、室）、科（股）对口管理和执行上级行业部门的工作部署，负责上级行业部门管理目标在辖区范围的落实。这样，我国自然保护区域管理权在全国范围形成了 10 多条“竖直化”的体系，加上四级地方政府的属地行政管理，管理权可能被肢解为上百个“网格”或“鸽笼”。这种“竖直化”官僚制的科层结构导致信息阻滞，指挥链不畅。一方面，在“竖直化”的体系中依次向下，形成了一条不中断的、冗长的等级命令链，命令链的延长和管理层次的增加导致信息传递时间的增加和内容的失真与遗漏。另一方面，信息反馈通过组织内自下而上的信息通道逐级传输，“竖直化”体系中基层保护地数量众多，情况千差万别，信息量大，通过“竖直化”体系中间层的单线传递，到了高层，信息庞大而嘈杂，渠道收紧，在回馈中因超载、阻塞、变异而影响决策。“竖直化”体系中，拥有人财物等行政管辖与处置权的地方政府，如果与行业指挥链的目标取向冲突，执行的扭曲、变异更有可能发生。在实践中，国家自然保护行业监管、评估、评比等在具体执行中在基层变形走样，行业管理政策出台慢、执行慢、在各行业管理部门内封闭循环、互相抵触与排斥等现象普遍存在，环境监管受地方利益阻碍等现象时有发生。目前我国自然保护领域条块分割、官僚制的科层结构、“鸽笼式”的专业化、冗繁的规章、僵化的程序等是自然保护领域体制机制改革的最大障碍，也是实践中管理被锁定在低效状态的根本原因，是自然保护领域管理体制改革必须攻克的堡垒。

2.3.4 管理方式管制化、条块目标冲突、基层“骑墙”应付

在我国禁止开发区的各类保护地和部门所属的其他保护地管理中，行业管理部门（“条条管理”）的管理手段以准入制度、规划编制、目标考核、动态监管为主，地方政府（“块块管理”）以组织人事管理、财务管理、建设项目与资产管理、绩效管理为主。保护地行业管理部门主要通过推动立法、制定国家标准、管理办法和行业规章，或者向上级部门争取授权等方式，获取审批权、执法权、监管权，在系统内实行自上而下的行政管理与监督。属地政府按照地方事业单位的管理办法对保护地管理基层单位也大多通过形成政府决议、制订管理办法等行政手段来确定单位负责人、资金调度、资产处置、下达年度目标、进行年终考评等。无论行业管理还是属地行政管理都以法律和行政手段，即管制手段为主，方式比较单一。

同时，行业管理部门和地方政府对基层单位的目标约束各不相同，行业管理部门以生态环境保护、生态安全保障、资源永续利用等为主要目标，地方政府过去一直以旅游开发与经济发展为主要导向，而且“条条”中的不同部门，“块块”中的不同层级的目标诉求侧重点也不一样。保护地基层管理机构面对不同的指令、约束和要求，往往困惑迷茫，无所适从，实践中常常被迫做“可怜的墙头草”来“骑墙”应对。约束的强度、指令来源的行政级别、与自身利益关系的密切程度等往往成为其行动与工作落实程度的具体影响因素。总体来看，由于“条条管理”大多被视为业务指导，“块块管理”则与人员薪酬、干部职务升迁等直接相关，对保护地基层管理机构的实际影响更大，致使不少管理机构在保护与经营中一手软、一手硬。这是不少保护地过度开发、过度营销、资源环境受损的根本原因。以保护地的旅游容量管理为例，自然保护区、风景名胜区规划编制中都要进行容量规划，确定游客日接待量的最佳值和最大值，这是行业管理部门资源环境保护的重要手段。规划通过上级政府发布（如国家级风景名胜区的总体规划由国务院发布）后，本应是具有权威性的刚性约束，但容量控制“控制”的是地方政府的“真金白银”，国内实行限游政策的保护地凤毛麟角。而且即使在实行了限游政策的保护地，

游客接待量的上限值也往往是规划计算数据、外围集散城镇床位数等在各级政府和行业管理部门博弈后妥协的结果。管理机构和地方政府调整规划适应开发之需，调整容量适应接待量的情况也时有发生。规划的刚性约束成为多主体“共同揉捏的面团”，管理机构在“揉捏”中可能顾上不顾下，顾左顾不了右，失去其本源性立场，导致治理失灵。实践中，保护地基层管理单位对行业管理部门和地方政府定期或不定期的各种评估考核、检查评比、综合执法检查、专项检查、专项治理等运动式的管理方式，也常常是疲于应付，普遍采取设立临时性的“任务小组”来应对，阶段性工作一结束，成员才恢复到正常工作状态。“运动型”治理造成行政资源的浪费和治理成本的升高，强化了治理主体与治理对象在“突击检查”与“灵活应对” 策略框架下的博弈行为，对违规者的威慑效用递减，降低了治理的整体效率。

2.3.5　基层管理单位政事不分、事企不分

我国禁止开发各类保护地管理机构是地方政府及其下属部门依法利用国有资源举办和设立的从事自然资源保护、管理与利用的社会组织，大多数地方将其设置为事业单位。但不少保护地管理机构并非只承担纯粹的公益服务职责。首先，它要承担行业管理部门和地方政府委托的政策执行、执法监督、社会管理等事务，保证党和国家方针政策、法律法规在保护地及其管理的社区中实施，这显然需要借助公共权力的行使来实现，是承担行政职能的体现；其次，它要提供生态环境保护、遗产展示、环境教育、科学研究等公益服务，具有公益组织的特点；最后，一些保护地管理机构还通过提供景区内的游览、交通、餐饮、购物等有偿服务，通过门票和服务性收费来实现价值补偿并获取利润，具有企业经营的特点。管理机构既履行政府职能，又履行公共服务职能，还承担企业职能，功能不明，政事不分，事企不分，性质模糊。在自然保护管理体制改革中，必须明确管理机构性质，理清其职能和职责。

2.3.6　资金投入不足、经营取向突出

目前我国自然保护地资金来源主要有两个渠道，一是财政投入，二是自我筹集。财政投入方面，过去中央财政对风景名胜区、森林公园、地质公园基本没有投入，“只给帽子，不给票子”。从 2010 年开始，财政部及住房和城乡建设部开始执行国家级风景名胜区补助资金制度，但资金额度很小。按照《自然保护区条例》确定的原则，国家级自然保护区的资金“由地方政府负责，国家给予适当补助”，但中央财政的补助非常有限。

以中央财政自然生态保护投入较多的2012年为例，对占国土面积9.8%的363处国家级自然保护区，中央财政只安排了1.8亿元支持其中61个保护区规范达标建设①。省级财政也没有固定投入，一般根据情况给予适当补助，以江西省为例，2009年省林业厅对系统内的自然保护区和森林公园国家级每个补助15万元，省级每个补助10万元，全省累计补助资金约200万元②。近年来，随着中央财政对国家重点生态功能区转移支付力度加大，地方政府对保护地的拨款有所增加，但市（地、州）县级财政还是按照各保护地基层管理单位的自养能力，一般把管理机构确定为自收自支、全额拨款、差额补助三种不同类型的事业单位，对后两类拨付一定的事业经费，主要覆盖办公经费和人员基本工资。总体来看，我国保护地财政投入严重不足，各级财政每平方千米的平均投入额度在337～718元，而发展中国家的平均水平为997元，发达国家则高达13068元③。为解决资金短缺问题，各保护地在地方政府的推动下，主要通过旅游开发和多种经营来自筹和自我发展。一些旅游资源独特的保护地，通过各种渠道筹集资金投入旅游开发后，旅游经济收入较高。在一些欠发达地区，这些保护地成了地方财政收入的主要来源之一，一些还成为地方旅游开发投融资平台的主要依托，背负了地方经济社会发展太多的责任。财政投入不足，是不少保护地管理不善，经营取代管理，保护让位于开发的直接原因，也是我国保护地管理体制建立不能忽视的现实问题。

① 数据来源：环境保护部《2012年中国环境状况公报》，2013年5月28日发布。

② 数据来源：江西省森林公园管理办公室《落实扶持政策 引导事业发展：2010年全国森林公园工作座谈会典型发言材料》，国家林业局官网，http：//www.forestry.gov.cn/portal/slgy/s/2468/content-403666.html。

③ 数据来源：章轲《中国自然保护区资金窘境》，《第一财经日报》[2012-07-11]。

第3章　国外自然保护区域管理体制经验借鉴

我国自然保护区域管理体制重构需要借鉴其他国家的经验，他山之石，可以攻玉。借鉴天恒可持续发展研究所在国家发展和改革委员会、保尔森基金会和河仁慈善基金会先期共同委托项目“国家公园体制建设国际经验及对中国的启示”中案例国的选择原则，按照大洲代表性、经济发展相似性等选取美国、新西兰、南非、巴西、德国、俄罗斯为代表，本章增加了借鉴性突出的近邻国家日本，分析这7个国家自然保护区域的类型与基本情况，总结各国自然保护管理体制模式，并进行分类比较，提出对中国自然保护区域管理体制改革具有借鉴意义的要素与方面。需要说明的是，本章的研究由于资料的可获得性等因素，采用了较多课题组认为信度高的二手文献和部分国外网站资料，相互印证整理得出。由于部分二手文献的发表年份相对久远，而各国的管理体制本身在动态变化，可能对某些国家的最新情况把握不够，会有细节上的偏差。参考和引用的文献资料比较庞杂，为确保阅读流畅性，没有在文中一一注明，仅在参考文献中加以选列，在此说明并向著者致以谢意和歉意。

3.1　代表性国家自然保护区域的基本情况

根据世界保护地数据库（World Database of Protected Areas，WDPA，IUCN & UNEP-WCMC）的数据，截至2010年10月，全球已有236个国家和地区建立起了161000个各类保护地，到2020年陆地自然保护地占全球陆地面积的覆盖率要达到17%，海洋达到10%。世界自然保护联盟（International Union for Conservation of Nature，IUCN）建议把全球保护地按照保护程度划分为6种类型，即：（Ⅰa）严格自然保护区（strict nature reserve）；（Ⅰb）荒野区（wilderness area）；（Ⅱ）国家公园（national park）；（Ⅲ）自然纪念物（natural monument）；（Ⅳ）生境/物种管理区（habitat/species management area）；

（Ⅴ）陆地/海洋保护景观（protected landscape/seascape）；（Ⅵ）资源管理保护地（managed resource protected area）（IUCN，2008）。各国的自然条件差异较大，社会制度和自然保护观念各有不同，保护地建立历程各不相同，加之语言表述的差异性，各国的保护地类型几乎都没有完全按照 IUCN 体系命名。表 3-1 列出了 7 个代表性国家自然保护地的类别差异。

表 3-1　代表性国家主要自然保护区域类型

国家	保护地类型
美国	国家公园、国家野生动物保护区、国有林地、荒野地、印第安人保留区
日本	国立公园、国定公园（准国家公园）、自然环境保全区、保护林及保存林
南非	国家公园、特殊自然保护区、海洋保护区、植物保护区、森林自然保护区、荒野地
德国	国家公园、自然公园、生物圈保护区、自然保护区、景观保护区
新西兰	国家公园、森林与保护公园、各类保护区（自然保护区、科学保护区、风景保护区、历史保护区、娱乐保护区），海洋保护区、海洋庇护所、荒野地、生态区域、水资源区域
巴西	生态站、生物保护区、国家公园、自然纪念地、野生生命庇护所、环境保护区、生态价值区、国家林地、可采伐保护区、合理开发的保护区
俄罗斯	国家级自然保护区、国家公园、自然公园、国家级自然庇护所（禁猎、禁伐、禁渔区）、自然纪念地、森林公园和植物园等

资料来源：参照相关文献相互验证后整理而成（2017 年 4 月）。

以日本为例，日本的自然保护地包括自然公园、自然环境保全区、保护林及保存林三个体系。自然公园是为保护自然环境、优美风景地并增强对该地区的利用，以确保国民有健康、休闲和接受教育的场所为目的而设置的地域性公园，按照设立和管理的级别，分为国立公园（国家公园）、国定公园（准国家公园）、都道府县立自然公园。日本的自然环境保全区是根据《自然环境保全法》而设立的，根据保护对象和规制的程度分为原生自然环境保全区、自然环境保全区和都道府县立自然环境保全区，包括高山性、亚高山性植被占相当比例的森林或者草原、天然林占相当比例的森林、有特异性的地形区、维护优美自然环境所必要的海域、海岸、沼泽、湿地、河川、野生动物的栖息地、树龄特别高的人工林等。保护林及保存林分为森林生态系统保护区、森林生物遗传资源保存林、林木遗传资源保存林、植物群落保护林、特定动物生息地保护林、特定地理保护林和乡土森林 7 种类型。

3.2　代表性国家自然保护区域管理模式

3.2.1　新西兰：保护部负责的管理权分置模式

目前，新西兰已经形成了相对完整的保护地管理体系，约 1/3 的国土面积划为保护地，由国家保护部（Department of Conservation，DOC）进行管理。保护部拥有全部公共土地上保护地的土地所有权和管理权。保护部下设六大业务部门，包括政策与科学、运营、对外合作关系、毛利人事务与关系、战略与创新、企业/财务管理。保护部将新西兰国土划分为 11 个保护区域（conservancy），涵盖所有国土面积，但与行政区划并不一致。在保护区域中有部分土地属保护部所有，保护部负责其规划和管理，有部分土地为私人所有，保护部可以提出保护方面的建议。保护部设有 11 个区域办公室，分别负责每一区域的保护管理日常工作。每个区域办公室（Conservancy Office）下设不同的地区办公室（Area Office）和各保护地的管理机构，目前全国有 60 多个地区办公室，全国保护部体系有 1800～2000 人的全职员工。各级管理机构负责各自区域的管理规划的编制及其实施。新西兰内阁还有与保护部平列的环境部，负责新西兰的土地、大气和水资源等环境政策制定、规划编制与监测监督等。新西兰议会下设环境专员办公室，检查环境管理和保护地管理绩效，直接向议会负责。新西兰保护委员会（Conservation Boards），是联系当地社区与保护部之间的桥梁，是一个独立于保护部的机构，该委员会由关心新西兰保护地和保护部工作的公众代表组成，大多数成员由公众依法选举并经公示任命，其余由利益相关群体和毛利人推荐，委员会的重要责任之一是审议本区域的保护管理策略，目前全国设有 9 个保护委员会。保护局（Conservation Authority）是中央政府与保护委员会对口的机构，由 13 名成员组成，负责审批保护管理策略、保护地管理规划和其他保护规划。总之，新西兰保护地管理由保护部代行国家所有权与管理权，分三级垂直管理，新西兰自然保护管理的政策制定职能、执行职能、监督职能是分离的，由不同部门行使相关职能，也有社会公众参与保护地管理、决策、监督的机构和机制。

3.2.2　德国：环境保护部门负责的地方直管模式

作为联邦共和制国家，德国在处理国家和地方的关系方面，联邦搭建框架，州政府自治管理。联邦政府层面，负责保护地相关事务的机构为德国环境保护部及其下属的联邦自然保护局。联邦自然保护局职责包括四个方面：为联邦政府决策提供科学依据；为大尺度的保护项目、科研项目和先锋实验项目提供资金资助；签订国际合作合约，并协调实施；为实践者和广大公众提供信息，开展公共教育活动。联邦主管机构主要从框架制定、服务、引导的角度展开工作，只建议设置保护地的类型，并不对保护地设置和管理负责。德国的保护地由州政府设置并直接管理，管理费用和成本也来自于州财政预算。几类保护地在面积大小、保护目标、对土地利用的限制程度等方面各有不同，目前尚未形成统一的划分标准，部分类型之间在空间上存在一定重叠或交叉。在处理部门之间、保护地与辖区政府之间的关系方面，强调一个部门主导，多方参与协调。州政府为每个保护地制定法律，由该法律指定国家公园的主管部门，且基本为唯一主导部门。由于各州政府机构设置不同，州一级层面的国家公园主管部门名称也往往不同，但是基本与联邦对应，几乎都是涉及环境保护与管理的部门，例如，巴伐利亚州是环境、卫生和消费者保护部，勃兰登堡州是农业、环境和空间规划部，黑森州是环境、农业和林业部。总之，与新西兰国家层面的部门垂直管理有所不同，德国是州级部门单一部门垂直管理，由州级主管部门负责设立每一个保护地的管理局，并直接受该主管部门管理，管理部门单一，管理层级扁平。

3.2.3　美国：基于土地所有权和土地用途的分治模式

美国的保护地绝大部分在公共土地上，包括联邦土地、州及地方政府所有土地、印第安保留地，美国联邦政府共拥有 6.35 亿英亩[①]的土地，占国土面积的 28.05%，州政府及各级地方政府共拥有 1.95 亿英亩的土地，占国土面积的 8.61%，印第安人拥有 5600 万英亩的印第安保留地，占国土面积的 2.47%。美国的内政部、农业部（DOA）、国防部（DOD）和能源部（DOE）共同肩负着管理美国联邦土地的职责。四大土地管理部门——国家公园管理局、美国鱼类和野生动物管理局、美国土地管理局和美国林务局分别管理着自己的自然保护区域体系——国家公园体系、国家鱼类和野生动物庇护所体系、国家景观保护体系和国家森林体系，共管辖着美国近 93.8%的联邦土地。四大土地管理部门对联邦土地上的保护地实行垂直管理，以美国国家公园体系为例，内政部国家公园管理局负责国家公园的统一管理，国家公园管理局下设 10 个地区分局，分片区管

① 1 英亩=4046.86 平方米。

理全美国家公园体系，每一个国家公园设立管理机构负责该国家公园的日常管理。建在各州和地方政府公共土地上的保护地由各州和地方政府负责保护。不同的州保护地管理部门有所不同，常见的有州环保局（纽约州）及公园、森林与休闲活动管理局、自然资源保护局等。每个州的保护地管理都有自己的特色。在纽约州，13%的州有林地被划归为保护地，包括森林保护区、州有森林、野生动物管理区和州立公园。在纽约州，林地主要由纽约环保局（NYSDEC）和公园、休闲娱乐和文物保护办公室（OPRHP）负责管理。在印第安保留地内，有一些土地被划建为保护地，如国家野生动物庇护所和州立公园，印第安保留地通过土地信托纳入保护地管理体系。总之，美国的保护地根据土地所有权性质和保护利用程度差异，由联邦的多部门管理或者州属部门管理，联邦政府部门对州属土地上的保护地没有管辖权，州、市级地方政府对辖区范围的联邦所有权的保护地也没有管辖权，也互不承担财务责任。联邦土地上的保护地实行三级垂直管理，经费主要来源于联邦财政预算。州属保护地比较突出游憩利用导向，自主保护与经营，受同级财政资助。

3.2.4　巴西：环境保护部门统筹下的管理权分置与多主体参与模式

巴西政府十分重视环境和资源保护工作，为加强对环境和自然资源的管理，通过立法建立了全国环境管理系统（SISNAMA），在原来多部门分散管理的基础上，组建了环境部，统一负责有关环境、自然资源利用的方针政策和规划制定及其实施与监督。环境部下设居民区环境质量秘书处、生物多样性与森林秘书处、水资源秘书处、可持续发展政策秘书处、亚马逊协调秘书处、环境教育办公室等业务部门以及相关行政机构。环境部下设两个执行机构——环保与可再生自然资源管理局（IBAMA）和国家水资源局，具体承担污染防治、森林管理、自然保护区与生物多样性保护以及水资源管理等职能。各州普遍设立环境保护机构，具体负责州内的环境管理事务。联邦政府设立了国家环境委员会、国家亚马逊流域委员会、国家遗传资源管理委员会、国家水资源委员会、国家环境基金审议委员会，均由环境部牵头负责，主持召集有关部门、地方政府以及社会相关组织进行协商，把水资源、林业、能源开发、生物物种、遗传资源管理等置于环境保护的统一监督管理之下。

巴西的保护地分为整体保护的保护地和合理利用的保护地两种类型，前者包括生态站、生物保护区、国家公园等，后者包括环境保护区、生态价值区、国家林地等。联邦环境部及其执行机构环保与可再生自然资源管理局作为保护地的中央管理机构，统一负责全国自然保护体系的组织和协调，具体负责管理全国保护区域系统。州和市的环境保护和可再生自然资源管理局管理地方政府所有土地上建立起来的保护地，联邦财政对州和市保护地的费用提供补助。联邦级、州级和市级，是按照土地的管理权而不是按照保护区的重要程度确定的。全国环境保护委员会（CONAMA）是自然保护地的咨询和审议机构，主要负责监督全国自然保护地体系的建立和管理。环境保护和可再生自然资源管理局周期性地编制和公布巴西领土上经审核和修订的濒临灭绝的动植物物种清单，并鼓励相关州和市机构编制其辖区内相应区域的类似清单。联邦执法部门每两年向国会提交一份国家保护区状况的全面评估报告。巴西鼓励当地民众和私人组织建立和管理保护地，注重在保护区的研究、科学考察、环保教育、生态旅游、监控、维护及其他管理活动中，寻求非政府组织、私人组织和自然人的支持和合作。总之，巴西的各类保护地都是由联邦政府的环境部统一管理，由具体执行机构负责日常管理，州、市等地方政府对口建立环境保护部门，履行本级政府土地上的保护地建设与管理，各个保护地设立管理机构履行日常管理职能。环境部牵头组建相关国家委员会分别负责相关各方共同参与的保护地全国建设规划、管理政策、流域管理、资金拨付等，保护工作接受多方监管并鼓励公众参与。总体来看，巴西的自然保护管理的决策、执行和监管权分离，但由环境保护部门统筹。

3.2.5　俄罗斯：环境保护部门统管的分级模式

俄罗斯的保护地分为联邦级、地区级和地方级三个级别，其中国家自然保护区和国家公园属于联邦级特别自然保护区域。国家自然庇护所（国家禁伐、禁猎、禁渔区）、自然遗迹区、森林公园和植物园，可列为联邦级特保自然区，也可列为地区级特保自然区。医疗健身区和疗养区为地方级特保自然区。联邦级和地区级的特保自然区分别由俄罗斯联邦政府和各联邦主体的政权机构设立，地方级特保自然区则依照各联邦主体的法律法规由市、区政权机构设立。联邦级特保自然区为联邦所有，由联邦国家机关统一管理，地区级特保自然区为各联邦主体所有，由所在联邦主体的国家权力机构统一管理。地方级特保自然区为市、区所有，由所在市管理区的地方自治机构统一管理。俄罗斯全国所有保护地形式的设立、综合管理与运作由俄罗斯联邦政府特别授权的国家环保机构——俄罗斯自然资源与环境部负责，并直接管理联邦级的保护地。地方级国家禁伐禁猎、禁渔区、自然遗迹区、森林公园和植物园、医疗健身和疗养区的设立和运作等方面的管理和监督由各联邦主体的政权机关和特别授权的联邦环保机构负责实施。地方级特保自然区的设立和运作等方面的管理和监督由地方自治机构负责实施。俄罗斯各级各类保护地都必须制定保护章程，依据保护程度的差异，可以划定部分区域开展经营活动，获取经营收益，联邦和地区财政按照预算予以资金补偿。总之，俄罗斯的自然保护区域的管理由自然资源与环境保护部门负责，联邦政府和地方政府按照保护地的管理强度分类管理，生态价值突出的区域由联邦政府直管。

3.2.6　日本：公众参与的分类分级模式

日本的三类保护地分别由内阁的环境部和林野厅管理。自然环境保全区、自然公园由环境部管理，保护林及保存林由林野厅管理。日本的每一个保护地都设立了具体管理机构，由各级政府主管部门、社会团体、专家、志愿者等共同参与管理。“自然环境保全区”是根据《自然环境保全法》而设立的，分为原生自然环境保全区、自然环境保全区和都道府县立自然环境保全区。原生自然环境保全区和自然环境保全区均由环境部长官依法指定。原生自然环境保全区是从国有或地方公园所有土地内，几乎未受人为活动影响的，且仍保有原始自然环境状态的区域中指定，区内禁止一切开发行为，并规定了绝对禁入区。都道府县立自然环境保全区，由都道府县知事根据都道府县自然环境保全条例规定，比照自然环境保全区标准指定。自然公园分为国立公园、国定公园和都道府县立自然公园三种类型。国立公园由环境部长官听取自然环境保全审议会（以下简称审议会）意见指定，是能够代表日本风景并具有非常优美的自然风光的区域，由国家实施管理。国定公园经都道府县申请，由环境部长官听取审议会意见指定，由相关都道府县实施具体的管理。都道府县立自然公园由都道府县知事根据该都道府县条例指定，由该都道府县管理。保护林及保存林是林野厅以国有林为对象设立的森林保护区，7 种类型的森林保护区保护侧重点不同，由林野厅统一管理。总之，日本的自然保护区域管理按类型分别由环境和林业部门管理，各级政府分别建立和管理不同资源价值级别的保护区域，根据保护对象和规制程度不同，实行分级管理，基层管理单位由利益相关者组成共管机构，多方参与管理。

3.2.7　南非：利用导向的分级分类模式

南非保护地管理机构分为国家级、省/地区级和地方级机构三个主要层次。国家层面以南非政府国家环境事务＆旅游部（DEA&T）为主，国家水体事务＆林业部（DWAF）也参与一些保护地的管理。南非国家公园局（SANP）、国家植物协会（NBI）、海洋生命资源基金会（MLRF）、圣路西亚湿地国家公园主管部门（GSWPA）四个独立的法定机构各自管理一些保护地类型，但接受国家环境事务＆旅游部的领导，报告各自环境管理的情况。DEA＆T 直接管理世界遗产地和海洋保护区两个保护地类别；SANP 是保护南非所有国家公园的主要机构，其保护和管理的国家公园占南非陆地保护区的 53%；NBI 管理着植物保护区、植物花园两个保护区类别；MLRF 为海洋保护区和海岸线的保护事业提供经济支持；GSWPA 保护世界遗产地圣路西亚湿地国家公园；DWAF 管理着特别保护森林区、森林自然保护区、森林荒野地三个保护区类别。各省/地区政府的保护区管理机构负责管理职权范围内的保护区。只要是国家级管理机构认为合适，经过授权，省级保护区管理机构可以管理位于省内的国家级、省级或地方级的各类保护区。各省根据宪法赋予的权限可以颁布省级保护区管理法律或政策，授权省级保护地管理机构。南非的 9 个省（地区）都有相应的保护地管理部门，如夸祖鲁/纳塔尔省现在的保护地管理机构为野生动物局，是一个负责管理夸祖鲁/纳塔尔省荒野保护区和公共自然保护区的政府机构。地方性保护地是指由市政府管理的自然保护区（nature reserve）或保护的环境区（protected environment），管理主体为国家、省政府授权的并与市政府签订协议的社区机构、非政府组织或私人组织。南非地方性的保护区类别中私人保护地的数量和覆盖面积均占有相当比重。南非各级财政对保护地的预算较少，把发展以自然为本的旅游、有利于贫困社区的旅游（Pro-poor Tourism，PPT）作为解决贫困问题和拓宽保护区资金来源的重要手段。南非政府授权国家环境事务＆旅游部负责全国绝大部分的保护地管理，就体现了发展经济和环境保护结合，实现可持续自然保护的战略与理念。总之，南非自然保护区域管理的分类管理特征突出，环境与林业、环境部的内设机构等各自管理不同类别的保护地；属地管理特征突出，地方政府可以授权管理属地内的国家级保护地；旅游开发与利用导向的特征突出，重视发展保护地旅游以实现保护地的自养和社区发展。

3.3　代表性国家管理模式的比较与借鉴

世界代表性的国家都依据本国自然资源的类型特点、所有权形式等建立起了自己的保护地体系，虽然各国都没有严格按照 IUCN 的类型划分来定义自己的保护地形式（可能是因为各国保护地体系在 IUCN 划分标准提出前都全部或部分建立起来了），但各国的保护地类型都基本遵循 IUCN 按保护的严格程度划分类型的逻辑，仔细研究总能找到它们的对应关系。各国的政体特征、土地所有制形式、公民社会的发育程度等不同，管理体制有较大的差异。分类管理，也就是按照自然资源属性及其保护程度的不同进行保护区域类别划分，不同类型的保护地由不同的部门或相同部门的不同内设机构管理，是世界代表性国家的共同特点。结合中国自然保护区域管理体制的实际，笔者进一步从自然保护管理主体是单一部门，还是多个部门；管理层级是中央政府垂直管理，还是地方政府参与的嵌套式管理；所有权、管理权是否分离，管理权中的决策、执行与监管权是否进行了分置；是否有利益相关者和公众共同参与管理的机制设计等四个层面来分析比较各国的自然保护管理模式，试图识别出我国自然保护管理体制重构可以借鉴的要素和方面。如果按照各国横向部门结构和纵向层级结构来划分，世界代表性国家的自然保护管理体制呈现出四种模式（表 3-2）。

表 3-2　世界各国自然保护管理模式

<table>
<tr><td colspan="2" rowspan="2"></td><td colspan="2">横向部门结构</td></tr>
<tr><td>单一部门管理</td><td>多部门管理</td></tr>
<tr><td rowspan="2">纵向层级结构</td><td>垂直管理</td><td>单一部门垂直管理模式
代表性国家：新西兰、德国</td><td>多部门的垂直管理模式
代表性国家：美国</td></tr>
<tr><td>分级管理</td><td>单一部门分级管理模式
代表性国家：巴西、俄罗斯</td><td>多部门的分级管理模式
代表性国家：日本、南非</td></tr>
</table>

3.3.1　横向管理部门

从横向部门结构看，代表性国家的自然保护管理部门有单一部门管理和多部门管理两种模式，单一部门管理的有新西兰、德国、巴西和俄罗斯，多部门管理的有美国、日本和南非。在单一部门管理的国家，自然资源由保护部或环境部统一管理，环境部管理的情况下，都设自然资源管理二级局履行具体管理职能。在多部门管理的国家中，中央政府的管理部门有两种情况：一是由国土部门管；二是环境与林业分别管，环境部门管国家公园和保护区，林业部门管国有林地型保护区域。与之比较，中国中央政府有近 10 个横向管理部门，一些部门性质与管理目标并不匹配。未来改革中，一些与自然保护目标不匹配的管理部门，宜退出保护区域管理，横向的部门管理权需要重新整合。

3.3.2　纵向管理层级

从纵向层级结构看，代表性国家的自然保护管理层级有垂直管理和分级管理两种模式，垂直管理模式的国家有新西兰、德国和美国，分级管理模式的国家有巴西、俄罗斯、日本和南非。在垂直管理的国家，中央政府设立区域性或地区性分支机构直管，管理层级都很扁平，只有 1～2 个管理层级，基本按照土地所有性质确定由哪一级政府管理，各级政府依法有相对独立的管理权，哪一级政府管理就由该级政府承担财务责任。在分级管理的国家，地方政府设置的主管部门与中央政府的部门大致对应。管理方式有两种情况，在中央政府自然资源管理部门统一管理下，一是无论保护地级别高低，都由属地政府管理；二是各级政府依据保护地的类型各管一部分。与之比较，目前中国中央政府在自然保护领域严重缺位，只有政策引导，没有实质性的管理权，国家级保护地的管理权也实质性地下放给了市县一级政府，对具有国家顶层价值的保护地也没有直管。未来改革中，中央政府事权与财权都缺位的状况必须改变，锥形的科层制官僚结构需要再造，扁平化、网络化的层级设计是改革的重要取向。

3.3.3　管理权分置

一些国家设置专门机构和机制，分别行使管理的决策、执行与监督职能，如新西兰、巴西。以新西兰为例，根据相关法律，新西兰公共土地所有权的代表是保护部，保护部同时拥有管理执行权。环境部行使全国环境政策制定、规划编制与监测监督等职权，行使保护领域的宏观规划决策权和监督权。作为内阁的独立机构，保护局是保护地管理策略与规划的审议机构，行使微观层面的决策权。新西兰议会的环境专员办公室是自然保护的综合监管机构。与之比较，我国自然保护领域的管理权几乎是在部门内部封闭循环，基层管理单位也是在条块的约束下独立管理，集教练员、运动员、裁判员于一身，缺乏权力分置和内部监督制约机制。

3.3.4　利益相关人参与管理

一些国家保护地土地所有权权属复杂，涉及不同社会团体、族群等，建立起了利益相关人参与管理的体制机制。新西兰保护局在各地设置了保护委员会（Conservation Boards），保护委员会是联系利益相关人、当地社区与保护部及基层单位之间的桥梁，参与审核地区保护管理策略、管理规划和其他规划。巴西鼓励当地民众和私人组织建立和管理保护地，注重在保护区的研究、科学考察、环保教育、生态旅游、监控、维护及其他管理活动中，寻求非政府组织、私人组织和自然人的支持和合作。作为巴西自然保护咨询和审议机构的全国环境保护委员会，负责全国建设规划、管理政策、流域管理、资金拨付等工作。日本的每一个保护地都设立了基层管理机构，由各级政府主管部门、社会团体、专家、志愿者等共同参与管理。在南非，政府鼓励并授权社区机构、非政府组织或私人组织与市政府签订协议，建立地方性保护地。在南非，地方性的保护区类别中，私人保护地的数量和覆盖面积均占有相当比重，利益相关人共同参与管理。与之比较，中国保护地是地方政府或行业部门的“领地”，信息封闭、管理封闭，几乎没有公众参与的渠道，因而公众没有主人翁意识，没有自愿服务和捐赠愿望。我国不少保护地有部分地块是社区集体林地，或村民的牧场、自留山、退耕还林地等，但几乎没有真正的社区参与规划、管理与决策的有效机制。公众参与、社区参与的机制建立是我国自然保护领域管理体制改革需要重视的因素。

第 4 章　我国自然保护区域管理体制的重构方向

十八大以来，党中央和国务院在生态文明建设、推进大部制改革、推进事业单位分类改革、政府职能转变的放管服改革等方面出台了一系列方针政策，这些政策是指导自然保护区域管理体制重构方向选择的纲领性文件。本章首先解读中共中央和国务院生态文明建设和推进行政管理体制改革的有关文件精神。然后，提出我国自然保护领域管理体制重构的指导思想、目标、原则等总体思路。最后，针对我国自然保护区域管理体制存在的主要问题，结合国家方针政策导向，就改革需要解决的关键问题，详细探讨改革的主要内容和具体的改革举措。

4.1　国家相关方针政策解读

4.1.1　生态文明建设方面

党的十八大开启了社会主义生态文明建设的新时代，十八届三中、四中全会对生态文明建设进行了决策部署。2015 年 4 月《中共中央 国务院关于加快推进生态文明建设的意见》发布。2015 年 9 月中共中央、国务院制定了《生态文明体制改革总体方案》（以下简称《方案》），绘制了我国中长期生态文明体制改革蓝图。2016 年 12 月相关部委联合印发《自然资源统一确权登记办法（试行）》，对《方案》确定的建立自然资源产权制度确权登记提出了具体操作指南。2016 年 12 月中央办公厅、国务院办公厅印发《关于全面推行河长制的意见》（考虑与本部分关联度，本章不作解读），提出了河长制实施的组织形式、工作职责和监督管理等，升级国家对江河湖泊的管理制度。2017 年 2 月中央办公厅、国务院办公厅印发了《关于划定并严守生态保护红线的若干意见》，对落实《方案》提出的生态保护红线制度建立做出了具体部署（具体内容见第 1 章，本章不作解读）。

这些制度一脉相承，环环相扣，共同构成了我国生态文明制度建设的“四梁八柱”。

1.《中共中央 国务院关于加快推进生态文明建设的意见》

《中共中央 国务院关于加快推进生态文明建设的意见》（以下简称《意见》）全面贯彻落实党的十八大及十八届三中、四中全会决策部署，完整、系统地提出了生态文明建设的指导思想、基本原则、目标愿景、主要任务、制度建设重点和保障措施，是我国生态文明建设的纲领性文件。《意见》创新性地提出了建立严守资源环境生态红线、健全自然资源资产产权和用途管制制度、健全生态保护补偿机制等自然保护领域的根本性制度，把生态文明建设纳入法治化、制度化轨道。《意见》明确了全国自然保护区域主要包括国家重点生态功能区、重要水系、禁止开发区，以及草原牧场、沙漠化地区、石漠化地区、生物多样性保护优先区等生态敏感区，提出要在现有自然保护地体系下建立国家公园，并确定了国家公园建设的宗旨和管理体制建立的原则。《意见》明确要求在我国的各类自然保护区域划定资源环境保护需要严守的生态红线，实施更严格的保护。《意见》提出了健全生态保护补偿机制，为以国家公园为代表的各类自然保护区域资金来源确定了政策依据，也为保护地建立与管理中各类利益受损主体的利益补偿提出了政策要求。

2.《生态文明体制改革总体方案》

《生态文明体制改革总体方案》（以下简称《方案》）包括 10 个部分，共计 56 条，主体内容由“6＋6＋8”方案构成（6 大理念、6 个原则、8 项制度）。《方案》提出了我国生态文明体制改革的指导思想、理念、原则、目标以及实施保障等问题，是生态文明探索的重大突破，为我国下一步的生态文明体制改革明确了思路、方向、框架和重点，对下一步深化生态文明建设探索具有战略意义。《方案》提出，生态文明建设需要构建自然资源资产产权制度、国土空间开发保护制度、空间规划体系、资源总量管理和全面节约制度、资源有偿使用和生态补偿制度、环境治理体系、环境治理和生态保护市场体系、生态文明绩效评价考核和责任追究制度等八项制度，形成产权清晰、多元参与、激励约束并重、系统完整的生态文明制度体系，推进生态文明领域国家治理体系和治理能力现代化。其中，对自然保护领域管理体制改革具有直接指导作用的是对自然资源资产产权制度和管理制度的安排。《方案》细化了《意见》中自然资源统一确权的内容，通过确权，明确各类保护区域的集体产权和国有产权，清晰划定边界，明确各自的权能，明确使用权可以通过多种形式完成市场交易。《方案》要求全国自然资源保护体系规划职能、所有者代表职能、管理职能、监督职能分离，分别由不同部门独立行使，避免交叉。

3.《自然资源统一确权登记办法（试行）》

《自然资源统一确权登记办法（试行）》（以下简称《办法》）要求对国家自然资源所有权开展确权登记，划清全民所有和集体所有之间的边界，划清全民所有、不同层级政府行使所有权的边界。《办法》是 2015 年 3 月国务院发布《不动产登记暂行条例》并基本完成不动产统一登记制度并颁发新版不动产权证书之后，启动的自然资源统一确权登记。《办法》包括总则，自然资源登记簿，登记一般程序，国家公园、自然保护区、湿地、水流等自然资源登记，登记信息管理与应用等六章。《办法》明确国务院国土资源主管部门负责指导、监督全国自然资源统一确权登记工作，与不动产登记的责任机构一致，结束了过去多部门分散登记的状况。《办法》中与自然保护管理体制密切相关的有两部分：一是登记内容；二是国家公园、自然保护区、湿地、水流等自然资源登记的具体规定。《办法》规定需按照不同自然资源种类、重要程度、相对完整的生态功能、集中连片等原则，划分自然资源登记单元，国家公园、自然保护区、水流等可以作为单独登记单元，各单元具有唯一编码。自然资源登记簿主要登记事项包括：自然资源的坐落、空间范围、面积、类型以及数量、质量等自然状况；自然资源所有权主体、代表行使主体以及代表行使的权利内容等权属状况；自然资源用途管制、生态保护红线、公共管制及特殊保护要求等限制情况。《办法》对国家公园、自然保护区、湿地、水流等登记的工作过程和登记具体内容做了技术指导性说明。

4.1.2　行政体制改革方面

1. 大部门制改革历程与新方向

2008 年以来，中央政府进行了两轮以大部制为标志的政府机构改革，第一轮是 2008 年国务院机构改革以整合组建工业和信息化部、人力资源和社会保障部、住房和城乡建设部、交通运输部、环境保护部为标志。2013 年国务院开启新一轮大部制改革，国务院组成部门减少至 25 个，包括实行铁路政企分开，不再保留铁道部，组建国家卫生和计划生育委员会，新组建国家食品药品监督管理总局等 4 个直属局。党的十八大以来，大部制改革从外延式改革进入到了内涵式改革攻坚区，需要加强改革顶层设计，以实现国家治理体系和治理能力现代化为目标，革新治理理念、重塑行政价值，以深入转变政府职能为核心，完善权力清单制度，提升政府执行力，以整体性政府建设为目标，加强部际和部内协调机制建设，提升政府整体效能（王伟，2016）。未来行政体制改革发展方向需要运用信息技术的发展，突破官僚制，弱化部门分割，避免政出多门与职能交叉，提高行政效率（陈辉，2017）。随着以国家公园整合设立与国家公园体制试点为突破口的生态文明体制建设的推进，在我国的保护地体系重构之后，自然保护领域管理体制必然面临变革，最终极有可能引发新一轮的大部制改革来理顺体制，成为生态文明体制建设的标志性和里程碑式的成果。在整合目标确定的基础上，自然保护区域管理如何进行权责调整，明晰管理权限，构建各部门的权力清单、管理与协调程序，都需要结合国家战略取向和自然保护目标进行顶层设计。

2. 事业单位分类改革政策与新方向

改革开放以来，我国事业单位改革目标的确定实际经历了三个阶段：20 世纪 80 年代的放权搞活，90 年代的企业化、社会化、产业化，21 世纪头 10 年的反思调整等，对事业单位的功能定位和改革目标也经历了企业化导向、非政府非营利导向和公共服务导向的三次转变（李建忠，2014）。2011 年 3 月，中共中央、国务院印发了《关于分类推进事业单位改革的指导意见》，对事业单位的性质和地位进行了明确的界定，提出事业单位是经济社会发展中提供公益服务的主要载体，分类推进事业单位改革的根本和核心目标是切实为人民群众提供更加优质高效的公共服务。强化公益性目标是对改革开放以来事业单位改革的经验和教训进行反思的结果，是事业单位改革目标模式的重新设计和重大调整。《关于分类推进事业单位改革的指导意见》要求划分现有事业单位类别，按照社会功能将现有事业单位划分为承担行政职能、从事生产经营活动和从事公益服务三个类别。对承担行政职能的，逐步将其行政职能划归行政机构或转为行政机构；对从事生产经营活动的，逐步将其转为企业；对从事公益服务的，继续将其保留在事业单位序列、强化其公益属性。将从事公益服务的事业单位承担基本公益服务，不能或不宜由市场配置资源的，划入公益一类；承担公益服务，可部分由市场配置资源的，划入公益二类。我国自然保护领域目前有大量的事业单位，如何在管理体制改革中实现分类改革、目标设定、权责确定等是需要解决的问题。

4.2 总体思路

4.2.1 指导思想

以党的十八大及十八届三中、四中全会生态文明建设的方针政策为指导，按照《中共中央 国务院关于加快推进生态文明建设的意见》的总体部署，落实《生态文明体制改革总体方案》的要求，深化并落实《全国主体功能区规划》，借鉴国际先进经验，立足中国实际，以国家公园体制建设为突破口，以国家各类空间规划确定的自然保护区域和保护地为重点，着力解决自然保护区域交叉重叠、产权主体虚化、公益属性丧失、条块分割、管理方式粗放、权责定位不清等问题，遵循顶层设计与问题导向结合、试点先行和整体推进结合、培育增量与调整存量结合、改革与立法双向推动等原则，在 2020 年以前整合设立一批国家公园，重构我国的保护地体系和空间规划体系，整合机构部门，理顺权责关系，建立起产权明晰、权责清晰、权力制衡、统一、规范、高效的自然资源管理体制，健全财政投入、特许经营、社会捐赠等机制，自然文化遗产逐步回归公益，自然保护管理走在全国生态文明建设的前列，成为“美丽中国”建设的先行者。

4.2.2 目标

1. 近期目标

按照党中央、国务院推进生态文明体制建设和建立国家公园体制的总体部署，到 2020 年以前，实现如下改革目标：

——全面完成全国生态保护红线划定，勘界定标，基本建立生态保护红线制度。明确各类保护地、国家公园的生态保护红线区范围，整合各类保护地、空间规划确定的各类自然保护区域和生态脆弱区、敏感区的各项保护政策，逐步形成全国统一的自然保护区域分类保护与管理的政策与制度。

——在国家公园、自然保护区自然资源确权登记试点的基础上，国家禁止开发区的各类法定保护地率先启动并力争完成确权登记工作，全国保护区域自然资源确权登记有序推进，为自然保护领域管理制度改革奠定基础。

——完成国家公园体制试点，制定国家公园体制总体方案和实施细则，确定国家公园准入标准和建设标准，预设全国国家公园建设规模，整合设立一批国家公园，为下一步国家公园“应建尽建”打下基础。

——以国家公园体制建立、整合设立为突破口，开始研究并启动我国保护地体系的重新整合和管理体制重建，力争国家公园体制建设与自然保护区域管理体制改革同步推进。

——按照所有权与管理权分离、管理权“权力三分”的原则，初步建立起中国自然保护领域管理体制。形成由专门的机构行使自然资源所有权、管理决策权、管理执行权和管理监督权的横向管理部门体制和国家直接行使部分保护区域所有权与管理权、地方政府分级管理各类保护区域的管理体制。

——启动《自然保护区域法》《国家公园法》等的立法工作。

2. 中远期目标

在近期改革推进的基础上，到2025年及其以后时间，实现如下改革目标：

——整合重点生态功能区、生物多样性保护优先区、生态保护红线区、国家禁止开发区和各类法定保护地的空间规划，在统一数据标准、统一 2000 国家大地坐标系基础下，进行空间划分和开发强度等控制指标确定，形成我国自然保护区域体系“一张图”。

——全国各类自然保护区域自然资源确权登记完成，国家公园初步实现应建尽建，各类保护地类型重构及其管理体制重建完成，自然保护领域立法工作初步完成。

——涵盖我国各类保护区域的“统一、规范、高效”的自然保护管理体制初步建立。

——公众参与自然资源的保护管理决策、规划编制、自愿服务、捐赠等机制初步建立，保护地社区补偿、特许经营、共管机制普遍建立。

——财政投入机制、特许经营机制、社会捐赠机制逐步完善，国家公园实现免门票或低门票开放，自然文化遗产回归公益。

——自然保护管理体制建立走在全国生态文明建设的前列，自然保护区域成为“美丽中国”建设的先行区，为实现蓝天常在、青山常在、绿水常在，实现中华民族永续发展做出突出贡献。

4.2.3 原则

我国自然保护区域管理体制改革的推进，需坚持如下原则：

——国家统筹与高层推动结合。自然保护区域管理体制改革是生态文明制度建设的有机组成部分，改革推进要与国家生态文明制度建设相协调，纳入国家整体部署，争取先行先试，这需要国家层面的统筹安排。另外，改革可能涉及现有行政授权体系和行政体制重构，涉及较多利益主体的权责调整，没有高层的强力推进，改革可能受阻停滞。

——重点突破和整体推进结合。自然保护管理体制改革，要以国家公园整合设立和体制建设为突破点。通过国家公园建立，推动保护地体系重构、自然保护空间规划体系整合，进而推动自然保护领域管理体制重建。自然保护管理体制的重建，需要在生态文明体制八项制度建设整体推进中来完成，需要相关制度建设和改革来保障与配套。

——顶层设计与问题导向结合。自然保护管理体制改革方案设计需要根据国家战略进行顶层设计，但必须要有现实问题针对性，要准确诊断识别现行管理体制在管理实践中存在的问题，特别是影响自然遗产原真性和完整性保护目标实现的关键问题，针对问题精准施策，不着眼于解决现实问题，改革可能流于形式。

——国际经验与中国实际结合。我国自然保护体系重构、管理体制重建需要学习和借鉴一些国际组织和发达国家的经验。但要认识到世界各国政体特征、土地所有制形式、经济社会发展水平不一，各国模式各异。中国自然保护领域的体制机制是在中华人民共和国成立后几十年中逐步形成的，涉及许多中国实践中的特殊问题，不可能照搬别国模式或“理想模式”，改革可能要分步实施，可能要迂回前行。

——培育增量与调整存量相结合。自然保护区域管理体制改革涉及各方权责调整与利益再分配，方案确定与选择中一定要考虑人性因素，政策制定需要基于人性考量。在确保中央大政方针执行不走样、不变形的前提下，选择对大多数利益主体带来增量的改革方案更容易减少阻力，但存量不调整、不敢啃硬骨头就不叫改革，改革中的桎梏必须打破，堡垒必须攻克，做到增量培育与存量调整结合与均衡。

——改革与立法双向推动结合。自然保护立法工作无法单边推进，需要管理体制和治理模式变革先行或协同。目前首要的是按照国家生态文明体制建设的总体要求，推进以国家公园体制建立为突破口的自然保护管理体制与运行机制改革，通过立法把这些改革成果上升到法律层面，把改革成果用法律法规的方式权威化、稳定化和制度化，或者通过立法明确相关法律关系，引领变革进程，改革和立法双向推动。

4.3　重构的内容与举措

中国自然保护领域管理体制改革需要把握“整合重构”“确权登记”“分类管理”“体制重建”四个关键词。“整合重构”的基础是整合，包括重点生态功能区、禁止开发区、生物多样性保护优先区、生态保护红线区等的空间整合和功能整合。通过整合，重构我国自然保护体系。“确权登记”就是要明确各类国土空间开发利用和保护边界，明确自然资源资产所有者、监管者各自责任，改变我国自然资源产权主体虚化、管理权责不清等状况，为管理体制的重建打下基础。“分类管理”是世界代表性国家的共同特点，重构后的我国自然保护体系需要按照自然资源属性和保护程度的差异，确定不同保护区域的管理目标，实施差异化的管理政策。“体制重建”就是要基于一定的法理逻辑，以提高管理效能和效率为目标，建立起与重构后的自然保护体系相适应的管理体制和运行机制。

4.3.1　整合各类空间规划

如前所述，我国自然保护区域交叉重叠情况非常突出，由于这些空间规划的目标导向不一，其本身又存在多头管理、交叉管理问题，空间上的重叠交叉必然加剧管理的复杂性和低效性。为此，《生态文明体制改革总体方案》要求“构建以空间治理和空间结构优化为主要内容，全国统一、相互衔接、分级管理的空间规划体系，着力解决空间性规划重叠冲突、部门职责交叉重复等问题”。同时指出“编制空间规划，要整合目前各部门分头编制的各类空间性规划，编制统一的空间规划，实现规划全覆盖”。支持市县推进“多规合一，形成一个市县一个规划、一张蓝图，划定生产空间、生活空间、生态空间……”。我国各类自然保护区域必须进行空间整合和功能整合。

我国自然保护区域的整合方式与途径问题的探讨需要认识3个规划确定的4类区域的内部结构性问题，表4-1根据第1章相关内容，从占国土面积的比例、划定依据、保护区域类型、规划权威性、目前执行力度等五个方面进行了比较。表4-1和第2章2.3.1节相关内容显示，4类区域叠加以后，超过了我国国土面积的1/2，构成了国家生态安全的基本格局，也是全民生态产品的主要提供者。四类保护区的空间关系可以大致抽象表述为：重点生态功能区是整个保护体系的“面”，禁止开发属于面上的“点”，生态保护红线区实质上是禁止开发区的扩容，是“点”的增加，生物多样性保护优先区试图改变自然保护区等禁止开发区孤岛式保护的局限，通过生物廊道、保护小区建立等使点连通起来，可以看作是“廊”。我国自然保护区域的空间格局符合景观生态学的“基质”—“斑块”—“廊道”分布，《全国主体功能区规划》是“基—斑—廊”体系的主要缔造者。

表 4-1　我国空间规划确定的 4 类自然保护区域比较

自然保护区域类型	占国土面积的比例	划定依据	保护区域类型	规划权威性	目前执行力度
国家重点生态功能区	40.2%（扩容后 53%）	《全国主体功能区规划》	水源涵养型、水土保持型、防风固沙型和生物多样性维护型四种类型	国务院，2010 年	财政转移支付、产业负面清单、考核奖惩
国家禁止开发区	12.5%	《全国主体功能区规划》	国家级自然保护区、世界文化与自然遗产、国家级风景名胜区、国家森林公园、国家地质公园五类	国务院，2010 年	依照国家法规和部门规章管理
国家生物多样性保护优先区	28.78%	《中国生物多样性保护战略与行动计划（2011—2030 年）》	以自然保护区、天然林区、重要湿地等为中心，包括生物廊道，保护小区、迁地保护体系等	环境保护部，2015 年	启动了基础性管理工作；依托保护区法规等监管
国家生态保护红线区	目前尚未确定	《关于划定并严守生态保护红线的若干意见》	所有国家级、省级禁止开发区域，以及水土流失、土地沙化、石漠化、盐渍化等生态环境敏感脆弱区域	中办、国办 2017 年	正在通过考核和问责等行政手段强力推进

注：根据第 1 章内容整理而成。

基于此，我国自然保护区域可按如下思路整合：根据《中共中央关于制定国民经济和社会发展第十三个五年规划的建议》中指出要“以主体功能区规划为基础统筹各类空间性规划，推进‘多规合一’”的精神。首先，从国家层面，需要在全国统一的生态保护红线划定以后，适时按照“统一空间规划数据、统一技术规程、统一信息平台”，在《全国主体功能区规划》的基础上叠加生态保护红线、叠加生物多样性保护优先区范围，根据需要和空间规划技术的新发展，修订《全国主体功能区规划》，也可以考虑整合 3 个规划，由科学家团队编制《全国自然保护区域规划》，在这个规划的统一框架下，形成全国自然保护区域“一张图”。其次，在省级层面，按照 2016 年 12 月中办、国办印发的《省级空间规划试点方案》的要求，在省级空间规划的基础上，形成省级自然保护区域“一张图”。最后，依此类推，县一级形成“多规合一”的“一张图”。全国的自然保护区域在统一数据标准、统一2000国家大地坐标系基础下进行一体化规划，进行“三区三线”空间划分和开发强度等控制指标确定，分类、分层次保护，作为全国统一的自然保护管理和监督部门的统一蓝图。

4.3.2 整合建立国家公园，重构我国保护地体系

中共十八届三中全会中央提出建立国家公园体制以来，国家公园建设上升为国家战略并扎实推进。2013年国家发展和改革委员会等13部委联合发布《建立国家公园体制试点方案》，选择了青海、湖北、云南等12个省的三江源、神农架、普达措等9个单位进行国家公园体制试点，国家先后批准了9个试点单位的试点方案。在总结试点经验基础上，2017年7月19日中央全面深化改革领导小组第三十七次会议审议通过了《建立国家公园体制总体方案》，强调坚持生态保护第一、国家代表性、全民公益性的理念，对相关自然保护地进行功能重组，构建以国家公园为代表的自然保护地体系。《国民经济和社会发展第十三个五年规划纲要》提出，在“十三五”期间“整合设立一批国家公园”，《生态文明体制改革总体方案》明确“加强对重要生态系统的保护和永续利用，改革各部门分头设置自然保护区、风景名胜区、文化自然遗产、地质公园、森林公园等的体制，对上述保护地进行功能重组，合理界定国家公园范围，保护自然生态和自然文化遗产原真性、完整性”。上述方针政策和国家行动显示，国家的战略意图是在法定和各部门建立起来的保护地的基础上，建立起统一的、真正属于国家、全体国民、带有社会公益性的国家公园，目的是以此为生态文明体制建设的突破口，整合和优化现有保护体系，探索我国自然文化资源保护管理新模式，解决深层次矛盾和问题，推动生态文明基本制度的建立。对保护地的整合和重构，研究者们的意见并不一致，代表性的方案有两个，一个是中国城市规划设计研究院束晨阳教授方案（以下简称束晨阳方案），另一个是中国科学院生态环境研究中心欧阳志云研究员团队方案（以下简称欧阳方案）。

束晨阳教授认为新的分类既不能“另起炉灶”，又需要与“国际接轨”，他参考IUCN的分类标准，提出未来我国保护地体系可包括国家自然保护区、国家公园和国家景观保护地3个系统（表4-2）。他认为自然保护区是我国生态系统、生物多样性保护的核心系统，保护面积大、布局合理、类型齐全，应该保留，以维护我国自然生态保护的骨架和成果。但需要按照IUCN以主要管理目标优先次序和管控强弱为依据，划分为严格自然保护区、栖息地/物种自然保护区和资源管理保护区3类。他提出我国国家公园在资源价值较高的国家级风景名胜区基础上建设，可分为荒野型、名胜型2种类型。对于未达到

国家公园标准的国家级风景名胜区、国家森林公园、国家地质公园等保护地，可参照 IUCN 分类中的Ⅴ类，统一设为国家景观保护地，主要用于观光游览和休闲度假。未来还可以发展国家风景道路、国家河流、国家海岸、国家乡土景观保护区等新形式。

表 4-2　中国保护地体系重构的束晨阳方案

主类	小类	主要来源
国家自然保护区	严格自然保护区	国家级自然保护区（生态系统类为主，特别是森林生态系统类）
	栖息地物种保护区	国家级自然保护区（野生生物类为主）
	资源管理保护区	未达到严格保护标准的国家级自然保护区
国家公园	荒野型国家公园	资源价值较高的国家级风景名胜区
	名胜型国家公园	
国家景观保护地	风景名胜区	国家级风景名胜区
	森林公园	国家级森林公园
	地质公园	国家级地质公园
	湿地公园	国家湿地公园
	水利风景区	国家级水利风景区

资料来源：束晨阳. 论中国的国家公园与保护地体系建设问题[J]. 中国园林，2016（7）。

欧阳志云研究员团队提出在全国 8 个生态区中选择备选区域，按照国家代表性、价值性、生态区位三个标准设置指标，定量评估备选区，形成国家公园备选名单，目前方案已经提交决策部门。“欧阳方案”包括在整合设立国家公园以后，我国自然保护区域重构为 6 类自然保护区域（以下简称“新 6 类”，表 4-3）：（1）目前的自然保护区类型保留，与国家生物多样性保护优先区建设中划定的自然保护小区组合形成第Ⅰ类自然保护区，与 IUCN 的第Ⅰ类严格保护地对应；（2）目前的水产种质资源保护区、种质资源原位保护区建设成为第Ⅲ类物种与种质资源保护区，与 IUCN 的栖息地、物种管理区对应；（3）现有的地质公园、风景名胜区、森林公园、湿地公园、沙漠公园、矿山公园、海洋特别保护区（含海洋公园）统一建设第Ⅳ类自然景观保护区，其中地质公园与 IUCN 第Ⅲ类自然历史遗迹或地貌保护区对应，其余与第Ⅴ类陆地/海洋景观保护区对应；（4）把目前的生态公益林建设成为第Ⅴ类自然资源可持续利用自然保护地，与 IUCN 第Ⅵ类自然资源可持续利用保护地对应；（5）把目前重点生态功能区、水源保护区新增为第Ⅵ类生态功能保护区。

表 4-3　中国保护地体系重构的欧阳方案

<table>
<tr><th>新保护地体系</th><th>现有类别</th><th>与 IUCN 类别的对应关系</th></tr>
<tr><td rowspan="2">第Ⅰ类自然保护区</td><td>自然保护区</td><td rowspan="2">第Ⅰ类严格保护地</td></tr>
<tr><td>自然保护小区</td></tr>
<tr><td>第Ⅱ类国家公园</td><td>国家公园</td><td>第Ⅱ类国家公园</td></tr>
<tr><td rowspan="2">第Ⅲ类物种与种质资源保护区</td><td>水产种质资源保护区</td><td rowspan="2">第Ⅳ类栖息地、物种管理区</td></tr>
<tr><td>种质资源原位保护区</td></tr>
<tr><td rowspan="8">第Ⅳ类自然景观保护区</td><td>地质公园</td><td>第Ⅲ类自然历史遗迹或地貌保护区</td></tr>
<tr><td>风景名胜区</td><td rowspan="7">第Ⅴ类陆地/海洋景观</td></tr>
<tr><td>森林公园</td></tr>
<tr><td>湿地公园</td></tr>
<tr><td>水利风景区</td></tr>
<tr><td>矿山公园</td></tr>
<tr><td>沙漠公园</td></tr>
<tr><td>海洋特别保护区（含海洋公园）</td></tr>
<tr><td>第Ⅴ类自然资源可持续利用自然保护地</td><td>生态公益林</td><td>第Ⅵ类自然资源可持续利用自然保护地</td></tr>
<tr><td rowspan="2">第Ⅵ类生态功能保护区</td><td>重点生态功能保护区</td><td rowspan="2"></td></tr>
<tr><td>水源保护区</td></tr>
</table>

资料来源：欧阳志云.中国国家公园体系总体空间布局研究[C]. 中国国家公园体制建设国际研讨会. 北京，2017。

对于如何解决保护地“一地多牌”的整合问题，国务院发展研究中心苏杨研究员的解决办法（以下简称苏杨办法）是：根据主导管理目标，对交叉重复的保护地类型进行归并，比如在国家级自然保护区中设立国家森林公园，按照管理目标的重要性，则应取消森林公园。对于在同一保护地中存在不同保护对象，比如一个以森林生态系统为保护对象的保护区，其依存的地质景观同样具有保护价值，过去会设成一个国家级自然保护区，一个国家地质公园，现在森林生态系统保护区将变为严格的自然保护区，其管理目标和保护强度已经满足了对地质景观保护的要求，所以可以取消地质公园。对于在高等级保护地中设立低等级的其他保护地情况，比如在国家级自然保护区中设立省级风景名胜区，则应取消风景名胜区。如果在多个保护地基础上建立了国家公园的，其他保护地类型的名称全部取消，统一整合为“××国家公园”。这一点在中央全面深化改革领导小组和国家发展和改革委员会批准的几个国家公园体制建设试点单位的实施方案中已经体现。例如，神农架国家公园体制试点区纳入试点的神农架国家级自然保护区、国家地质公园、省级风景名胜区、国家森林公园、大九湖国家湿地公园、大九湖省级自然保护区 6 个保护单位管辖的范围全部统一整合规划，三个正处级管理单位的人员编制整合，设立了新的神农架国家公园管理局。

比较发现，束晨阳方案和欧阳方案有一些一致看法，如自然保护区保留、整合组建自然景观保护区等。相对而言，欧阳方案比束晨阳方案提出的以资源价值较高的国家级风景名胜区建国家公园的方案更符合《建立国家公园体制试点方案》的要求。如前所述，欧阳方案涵盖了我国自然保护区域的几乎全部的空间尺度，并且与 IUCN 的体系对应良好，是一个较优的方案。但方案中，现在的自然保护区全部纳入 IUCN 的第 I 类严格保护地，与保护区管理的实际存在较大差异，可能值得商榷。笔者建议：（1）可以将其中部分没有建立国家公园的、以保护野生动植物及其生境为主的自然保护区纳入栖息地、物种管理区；（2）目前游憩利用强度较大、自然景观独特性突出，且与禁止开发区其他保护地重复命名的自然保护区可以纳入自然景观类保护区；（3）由于到目前为止，全国的生态保护红线区的范围还没有最终确定，欧阳方案中没有包含部分水土流失、土地沙化、石漠化、盐渍化等需要纳入生态保护红线区的生态敏感区、生态脆弱区，需要对这部分区域进行生态保育与生态修复，纳入第 V 类自然资源可持续利用区。综上所述，“欧阳方案+3 项修正+苏杨办法”是国家公园整合重建后，自然保护地重构可供选择的较好方案。

4.3.3　生态红线区纳入保护地一体化分类管理

全国自然保护区域“一张图”完成、按“欧阳方案+3 项修正+苏杨办法”进行全国保护地重构以后，需要对各类保护地进行差异化保护目标设定与分类管理政策设计。由于按照中办、国办 2017 年 2 月印发的《关于划定并严守生态保护红线的若干意见》，生态保护红线原则上按禁止开发区的要求进行管理，在 2020 年年底前，全面完成全国生态保护红线划定，勘界定标，形成生态保护红线全国“一张图”。按照《关于划定并严守生态保护红线的若干意见》和 2015 年环境保护部发布的《生态保护红线划定技术指南》规定的技术规程，生态保护红线涵盖所有国家级、省级禁止开发区域，以及有必要严格保护的其他各类保护地等，主要有水土流失、土地沙化、石漠化、盐渍化等生态环境敏感和脆弱区域。因此，生态保护红线制度本质上是禁止开发区在保护范围上的扩容，是通过行政手段对禁止开发区的保护进行执行强度的加码。这对加强生态保护、维护国家生态安全具有重要意义，但生态保护红线区的管理目标最终还是要整合到与国际接轨的自然保护区域分类管理体系中。笔者认为，生态保护红线制度的执行一定要考虑国家公园建立之后全国自然保护区域管理目标的分类重构，需要全面统筹生态保护红线划定与管理制度实施以及与相关制度的成龙配套，现在的生态红线范围确定与划定规程在总结实践经验的基础上可能需要调整，由于红线划定和勘界定标技术要求高、工作量大，基层的红线划定的技术力量需要加强，时序安排需要以保障工作实效为前提。

基于上述分析，笔者认为，各类空间规划以及法定或部门设立的保护地体系，最终必须整合到自然保护区域分类管理体系中来，进行统一的保护目标设定和管理政策建构。具体而言，在形成全国自然保护区域“一张图”后，需要按照目标管理的思想，从全国生态产品供给、国家生态安全保障、自然文化遗产与生态系统保护、国民经济和社会发展的保障力和容纳力等方面测定我国自然保护总体目标，依据总目标，确定各类自然保护区域的面积、保护强度、生态保育与生态修复等生态系统服务能力建设的措施和方向，进行各类自然保护区域的功能定位和目标定位等。这需要生态保护领域科学家们的专业贡献和专题研究。本书参考环境保护部南京环境科学研究所蒋明康研究员（2004）等的研究成果，对“新6类”自然保护区域的性质和管理目标进行描述性分析。

第Ⅰ类自然保护区，是指对有代表性的自然生态系统、珍稀濒危野生动植物物种的天然集中分布区、特殊意义的自然遗迹等保护对象所在的陆地、陆地水体或者海域，依法划出一定面积予以特殊保护和管理的区域，其管理目标包括：（1）在无干扰的状态下，保存生境、生态系统和物种；（2）维护处于动态和进化中的遗传资源；（3）维护已建立起来的生态过程；（4）保护构造陆地景观特色；（5）为科学研究、环境监测和教育提供自然环境的本底；（6）对科学研究及其他批准的活动精心规划和实施，以减少干扰；（7）限制公众进入。

第Ⅱ类国家公园，是指大面积的自然或接近自然的区域，重点是保护大面积完整的自然生态系统，目的是保护大规模的生态过程，以及相关的物种和生态系统特性，同时可以为公众提供理解环境友好型和文化兼容型社区的知识，如精神享受、科研、教育、娱乐和参观。入选条件：具有国家代表性的自然生态系统或地质景观，并且区内的生物物种、生境或地质景观具有特殊的科学、教育、娱乐和旅游意义；拥有足够大的面积，以致含有一个或多个完整的、在物质上不被当代人类开发改变的生态系统或自然遗迹。国家公园的管理目标包括：（1）为了科学、教育、旅游等，保护具有国家和国际意义的自然和风景区域；（2）尽可能按自然状态永久保持该植物地理区、生物群落、遗传资源物种的有代表性的样本，以维护生态的稳定性和多样性；（3）使该区保持在自然或近自然的水平上，将其作为游人陶冶情操、教育、文化和游憩目的之用；（4）禁止并预防与建区目的不一致的开发活动和人类侵占；（5）保护建区时所具有的生态、地貌、宗教和美学特征；（6）通过补偿、参与保护管理等方式，改变原住民原有的自然资源利用方式和生计模式，引导超出承载力的居民和社区外迁。

第Ⅲ类物种与种质资源保护区，以保护珍稀物种、生物群落及其主要栖息地为主的保护地，包括保护珍稀动植物及其栖息地为主的自然保护区、国家水产种质资源保护区等，管理目标包括：（1）保证和维护主要保护物种、生物群落或生境的自然特点所需的生境条件；（2）将科学研究和环境监测作为与资源持续管理相结合的主要活动；（3）开辟一定的区域作为对有关生境的特征和野生生物管理成果的展示与教育；（4）禁止并预防与建区目的不一致的开发活动。

第Ⅳ类自然景观保护区，是指保护自然历史遗迹、地貌过程、独特地貌、风景名胜资源、森林资源与景观、湿地生态系统、矿山遗址、荒漠生态系统、沙区野生动植物资源、海岛与海洋生态系统等自然景观、地表形态、历史名胜及其独特复合生态系统的保护区域。包括现有的地质公园、部分风景名胜区等类型。管理目标包括：（1）永久保护或保存自然遗迹特殊和突出的自然特征，保护生态系统的完整性和生物多样性；（2）在与主要管理目标协调一致的前提下，为科学研究、宣传教育和公众欣赏提供机会；（3）开展在类型和规模上与景观保护区性质相适应的生态旅游、观光游赏、休闲娱乐、康体养生等活动；（4）禁止开展采矿、砍伐等与景观保护区性质不一致的开发活动。

第Ⅴ类自然资源可持续利用自然保护地，指以保护水源涵养林、水土保持林、防风固沙林和护岸林等重点的防护林和特种用途林等的自然生态系统和野生生物资源持续利用为目的的保护区域。管理目标包括：（1）长期保护和维持该区域内的生物多样性和其他自然价值；（2）促进资源持续利用最佳方式的研究和实践；（3）资源的持续利用应限制在自然保护区实验区范围内；（4）保护自然资源的本底，防止对该区生物多样性研究的其他土地利用目的；（5）合理利用促进社区和区域经济社会发展。

第Ⅵ类生态功能保护区，指以保护生活饮用水水源地、保护和修复生态环境，提供生态产品为首要任务，限制进行大规模高强度工业化、城镇化开发，提供生态服务为首要目标的自然保护地。包括国家重点生态功能区、省级生态功能区和各地的饮用水水源地。管理目标包括：（1）增强生态服务功能，改善生态环境质量；（2）形成点状开发、面上保护的空间结构；（3）建立产业发展负面清单，限制与生态保护功能不一致的产业发展，形成环境友好型的产业结构；（4）引导超载人口逐步有序转移，减轻人口对生态环境的压力；（5）公共服务水平显著提高，人民生活水平明显改善。

4.3.4　建立保护地自然资源产权制度

按照《生态文明体制改革总体方案》的统一部署，在2020年以前对全国自然资源进行统一确权登记，“明确各类国土空间开发利用和保护边界，包括全民所有和集体所有之间的边界，全民所有、不同层级政府行使所有权的边界，划清不同集体所有者的边界”。《自然资源统一确权登记办法（试行）》中指出国家公园、自然保护区、湿地公园等作为独立登记单元进行登记，明确了国有自然资源确权登记中的所有权主体是“国家”或“全民”，但《自然资源统一确权登记办法（试行）》并没有明确“代表行使主体”及其权利内容等权属状况如何登记，“代表行使主体”到底是保护地的基层管理机构、省级管理机构、国家管理机构、行业管理部门，还是地方哪一级政府？《自然资源统一确权登记办法（试行）》对此没有明确，各地试点也还没有定论，需要在国家自然资源管理体制改革中进行顶层设计。三江源国家公园自然资源产权登记试点方案中，国家公园自然资源所有权由中央政府直接行使，试点期间由中央政府委托青海省政府代行，具体由国有自然资源资产管理机构承担，组建三江源国有自然资源资产管理机构，与三江源国家公园管理局“一个机构、两块牌子”。试点方案包含了很多国家政策取向的信息，与国家生态文明体制建设的方针政策取向高度一致。

我国自然保护区域的自然资源产权包括全民所有和集体所有两种形式。“十二五”期间，我国农村集体土地、集体林地确权登记工作基本完成，集体土地、林地所有权已经落实到每一个具有所有权的乡（镇）、村、组集体经济组织和获得承包经营权的农户，确权登记发证工作已经完成。按照《不动产登记暂行条例》及其实施细则，我国风景名胜区、森林公园等自然保护区域的旅游服务设施等已经在不动产登记中予以明确，自然资源统一确权登记不再涉及。本次确权登记只涉及全民所有的自然保护区域的水流、森林、山岭、草原、荒地、滩涂等自然资源。按照《自然资源统一确权登记办法（试行）》自然资源确权登记工作主要包括：（1）自然资源的坐落、空间范围、面积、类型以及数量、质量等自然状况；（2）自然资源所有权主体、代表行使主体以及代表行使的权利内容等权属状况；（3）自然资源用途管制、生态保护红线、公共管制及特殊保护要求等限制情况。由于自然资源确权登记工作取决于生态保护红线划定、自然资源管理体制改革等相关工作的进展情况，目前还处于试点阶段。笔者以下就“新6类”自然保护区域登记单元、所有权主体、代表行使主体、所有权代表行使权利、保护区域内集体林权管理相关问题进行分析。

一是关于自然资源登记单元的设定和划分。自然资源登记单元是开展自然资源登记的基本单位，设定和划分登记单元既要考虑与已经登记的集体土地所有权等不动产权利的边界和行政界线无缝衔接，也要考虑与自然资源的管理界线进行衔接。建议把“新 6 类”中的前四类自然保护区、国家公园、物种与种质资源保护区、自然景观保护区全部作为单独的登记单元。生态公益林、水土流失预防区、沙化土地封禁区、高原动土等自然资源可持续利用自然保护地、水源地和其他生态功能区由于没有设立专门的管理机构，主要依托当地政府管理，在设定和划分时，可以以一个完整的行政辖区为基础，按照不同自然资源种类和在生态保护方面的重要程度以及相对完整的生态功能、集中连片等原则，划分一个或者多个登记单元。

二是关于国家自然资源所有权及其代行主体。《物权法》第 45 条规定，“国有财产由国务院代表国家行使所有权”。同时考虑《生态文明体制改革总体方案》中“探索建立分级行使国家自然资源所有权的体制”和“全民所有、不同层级政府行使所有权”等精神，结合课题组对自然保护管理体制改革方案的设想，“新 6 类”自然资源所有权确权登记中国家级保护区域所有权人登记为“全民”或“国家”，代表行使主体建议为“国家公园管理局”“生物多样性与自然保护区管理局”等，地方级的保护区域所有权人也应登记为“全民”或“国家”，代表行使主体为地方生态保护部门，特别授权的除外。

三是关于所有权代表行使的权利。《生态文明体制改革总体方案》指出“通过制定权利清单，明确各类自然资源产权主体权利，处理好所有权与使用权的关系”。“除生态功能重要的外，推动所有权和使用权相分离，明确占有、使用、收益、处置等权利归属关系和权责，适度扩大使用权的出让、转让、出租、抵押、担保、入股等权能，全面建立覆盖各类全民所有自然资源资产的有偿出让制度”。可见，自然保护区域所有权及其代表行使主体拥有利用保护区域实现的独占利益，包括占有、使用、收益、处置等不同权能。通过确权登记明晰产权以后，生态保护部门的管理机构成为自然资源所有权的代表行使主体，保护地特许经营项目的特许经营授许人将成为管理机构，而不是当地政府，特许经营会回归其本源意义。

四是关于保护地集体所有土地和林权等的统一管理问题。《生态文明体制改革总体方案》指出需要“创新自然资源全民所有权和集体所有权的实现形式”，国务院办公厅《关于完善集体林权制度的意见》（国办发〔2016〕83 号）强调“依法保障林权权利人合法权益，任何单位和个人不得禁止或限制林权权利人依法开展经营活动。确因国家公园、自然保护区等生态保护需要的，可探索采取市场化方式对林权权利人给予合理补偿，着力破解生态保护与林农利益间的矛盾”。因此，必须坚决维护自然保护区域的集体土地、集体林权、自留山等社区权利人的利益，在实现管护目标的同时，林农权益必须得到保障，但需要找到根本性的、具有法律依据与约束力的解决办法，如果只是一些临时性的补助、补偿措施，实践中屡见不鲜的社区与保护地管理机构、特许经营企业等之间的重复博弈及其引发的社会矛盾与冲突将会不可避免、持续发生。我们建议，引入《物权法》中的地役权概念，管理机构依法获取保护地集体土地的用途管制权，社区依法获取相应补偿与收益。通过地役权合同，明确保护地管理机构作为地役权人和社区作为供役地权利人各自的权利和义务，采取书面形式订立地役权合同，明确供役地和需役地的位置、利用目的和方法、利用期限、费用及其支付方式、解决争议的方法等。国家或省级的保护地管理部门制定不同类型保护地地役合同样本或合同编写导则，进行一体化的地役合同管理与指导，各保护地基层管理机构与所有集体土地与林权权利人全部签署地役权合同。

4.3.5　重建权力三分的自然保护管理体系

对我国自然保护领域的管理体制，《生态文明体制改革总体方案》指出“按照所有者和监管者分开和一件事情由一个部门负责的原则，整合分散的全民所有自然资源资产所有者职责，组建对全民所有的自然资源统一行使所有权的机构”。“将分散在各部门的环境保护职责调整到一个部门，逐步实行由一个部门进行统一监管和行政执法的体制”。以上表述显示，《生态文明体制改革总体方案》对自然保护领域管理体制改革已经确定了基本原则，即将自然资源的所有者职能与管理者职能分开，由一个部门行使所有者职能，解决产权虚化、多主体行使的问题，由一个部门行使监督管理职能，发挥监督作用。

对如何从深层次上建立和完善权力运行制约和监督体系，推进我国的行政体制改革，十七大报告提出“建立健全决策权、执行权、监督权既相互制约又相互协调的权力结构和运行机制”，十八大报告指出“要确保决策权、执行权、监督权既相互制约又相互协调，确保国家机关按照法定权限和程序行使权力”。国内研究机构和智库把这一精神简称为“权力三分”以区别农村土地制度改革中的“三权分置”和西方国家政治制度和政权结构中的“三权分离”。“权力三分”具体是指将政府职能部门分为决策部门、执行部门、监督部门三大板块，使权力相互制约、相互协调的一种行政管理体制（中央机构编制委员会办公室，2008）。“权力三分”实质是通过分权形成权力制约，防止权力滥用，提高管理效能。

据此，自然保护领域管理体制需按照如下逻辑来建构：（1）按照所有权和管理权分离的原则，目前我国自然资源产权主体模糊，需要明确保护地所有权人，为每一类、每一个保护地明确一个唯一的所有权代表主体。（2）按“权力三分”原则，自然资源的管理权三分设置，明确决策者、执行者和监督者。（3）决策职能涉及较多的层次，但首要的是从资源环境保护与社会经济发展协调的角度制定自然保护的宏观政策，进行总体规划。（4）自然保护管理的执行职能目前由国土、环保、住建、林业、农业等多达 10 余个部门行使，必须进行整合，该退出的退出，该转型的转型，该强化的强化。（5）在自然保护职能履行中，执行部门绩效如何，相关决策目标是否达成，需要有专业部门行使监督职能，体制建设中需要明确监督职能的执行主体。

第5章 我国自然保护区域管理体制的重构建议与实现路径

我国自然保护领域管理体制改革应首先审视中央政府相关部委当前的权责体系与权责关系的现状，以国家方针政策为依据，着眼于解决目前管理体制中存在的主要问题，进行管理机构、机构职权分配和机构间相互关系的调整和重建，本质是组织再造。改革方案会涉及中央政府多个部委的设置与权责体系重构，会涉及多部门权责的重新分割，方案出台需十分慎重，目前大多数的研究机构和学者对此都是含糊其辞或语焉不详，但这是本书绕不开的、需要直接回答的问题。按照“两权分离”和“权力三分”的原则，本章从明确全国自然资源所有者、管理决策者、管理执行者、管理监督者的角度，提出我国自然保护领域管理体制改革的建议方案，探讨体制建立需要进行的配套改革与配套机制等，并尝试提出方案实施的路线图。

5.1 中国自然保护管理体制改革的建议方案

按照“两权分离”和“权力三分”的原则，初步提出我国自然保护管理体制改革的方案（表5-1）。

表5-1 我国自然保护管理体制改革的建议方案

两权	权力分解	权力执行机构	职责
所有权	法定代表人	全国人民代表大会、地方人民代表大会	立法、执法检查、监督等
	授权代表人	国务院及省、市县人民政府	政策法规、统筹、财政等
	实际行使主体	生态保护部及内设的国家公园管理局等	部门规章、规划、管护、执法等

<table>
<tr><th>两权</th><th colspan="2">权力分解</th><th>权力执行机构</th><th>职责</th></tr>
<tr><td rowspan="4">管理权</td><td colspan="2">决策权</td><td>国家发展和改革委员会等</td><td>改革推进、政策草拟、总体规划、综合协调等</td></tr>
<tr><td rowspan="2">执行权</td><td>资源保护与管理</td><td>生态保护部及内设的国家公园管理局等</td><td>规划、管护、执法等</td></tr>
<tr><td>资产管理与运营</td><td>国家自然资源资产管理委员会</td><td>资产管理、收益管理等</td></tr>
<tr><td colspan="2">监督权</td><td>职能调整后的环境部</td><td>监测、督查、环境审计等</td></tr>
</table>

5.1.1　分级行使自然资源所有权

如前所述，我国的《宪法》和政治体制规定和决定了全国自然资源所有权主体是国家或全民，自然资源所有权的法定代表是全国人民代表大会及其常务委员会，这是我国自然保护管理领域管理体制改革的基本前提，是不能动摇的。全国人民代表大会及其常务委员会及其内设的承担日常工作的环境与资源委员会，履行自然保护立法、执法检查、预算审核、预算执行监管等职能，拥有重大决策最终决定审核权。按照分级行使的原则，授权地方各级人民代表大会及其常务委员会作为地方级保护地的所有权代表人，行使相关法定职能。

按照“探索建立分级行使国家自然资源所有权的体制”“全民所有、不同层级政府行使所有权”等精神，我国保护地自然资源所有权分级行使，国家级的保护地由中央政府直接行使，省级的由省级政府行使，市县级的由市县级政府行使，各级政府负责同级保护地相关政策法规制定、规划编制与发布、履行财务责任等，各级政府授权同级自然资源管理部门为所有权实际行使主体，各级政府授权相关部门代行所有权。按照分类管理原则，生态保护大部制组建之后，“新 6 类”中的国家公园和纳入国家公园体系的国家级风景名胜区、国家地质公园、国家森林公园、国家湿地公园、国家沙漠公园等自然景观保护区由大部门下的国家公园管理局代行所有权；森林和陆生野生动物类型自然保护区、水产种质资源保护区、各类自然保护小区等由大部门下的生物多样性与自然保护区管理局代行所有权。其他类型的自然保护地和地方级的保护地依此类推。上一级政府也可将所有者代表权全部或部分授予下级政府行使。各级政府及其部门代行的自然资源所有权体现为占有、使用、收益、处置四种权能，四种权能在自然保护管理体系中不同层级的配置各有侧重，如占有权能主要由基层行使，收益权能主要由自然资源资产管理机构行使，使用权能与所有权适当分离，通过特许经营实现，处置权能相对集中在较高层级行使。

5.1.2 强化发展和改革委员会的跨部门宏观协调与统筹决策职能

按照国务院机构改革方案和《国务院关于机构设置的通知》（国发〔2008〕11 号），国家发展和改革委员会的职能主要集中在综合研究拟定经济、社会、环境协调发展政策，进行总量平衡，指导总体体制改革和宏观调控。生态文明建设上升为国家战略以后，国家发展和改革委员会是自然保护领域主要政策制定和实施的牵头单位，具体包括：（1）承担组织编制全国主体功能区规划并协调实施和进行监测评估，如国家重点生态功能区的产业发展清单、转移支付等的宏观管理与调控；（2）牵头制定《建立国家公园体制试点方案》《建立国家公园体制总体方案》并组织实施；（3）牵头制定《国家生态文明先行示范区建设方案（试行）》并组织实施；（4）与环境保护部共同编制并发布《生态保护红线划定指南》并参与组织实施。在未来一段时间，自然保护领域管理体制改革过程中，全国自然保护空间规划体系“一张图”、国家公园体制建设、国家公园应建尽建后的保护地体系重构、自然保护领域管理体制重建等也只能由负责改革推进与综合协调职能的国家发展和改革委员会来实施。在未来中国保护地体系重构与自然资源管理体制重建完成后，国家生态产品提供、生态保育与修复、生态安全保障等与国民经济和社会发展相协调，保护地体系的规模确定与调整、全国建设规划、管理政策、资金保障政策等也需要发展和改革委员会作为综合协调部门来进行规划与管理决策。未来应对日益复杂的环境问题，正确处理环保与发展关系越来越重要，越来越复杂，发展和改革委员会综合协调二者关系的宏观调控和综合平衡的职能不仅不能削弱，而且还要加强。我们建议适时设立国家环境与发展决策委员会，由国务院领导牵头，相关部门为成员单位，发展和改革委员会资源节约与环境保护司等为具体工作执行部门，履行环境与发展领域方针政策制定、综合协调、重大决策等职能。曾有研究者提出把国家发展和改革委员会的资源节约与环境保护司、应对气候变化司和其他部委自然保护的职能全部调整到环境保护部，组建环保大部制部门。基于目前环境保护部的核心职能是环境监测与督查、防污治污等，把所有自然保护领域的综合规划与管理、资源环境保护综合决策、应对气候变化的国际谈判与国际履约等涉及国家综合发展战略取向的问题由一个行使专门领域管理的部门执行，目前条件尚不具备。

5.1.3 组建自然资源统一管理的大部制执行部门

《生态文明体制改革总体方案》中明确提出“将分散在各部门的用途管制职责，统一到一个部门”，自然保护领域管理部门整合的大部制改革是必然趋势，统一管理也是世界各国的通行做法。笔者提出如下具体建议方案：

1. 住建部门退出风景名胜区管理

住建部门负责风景名胜区管理源于20世纪80年代，地方建设部门向中央政府反映我国的风景资源处于管理上的空白，山上建设疗养院的现象严重，致使风景遭受破坏。而当时国家林业部门由于资金缺乏，早期自然保护区工作的推进速度已经比较缓慢，无暇顾及风景资源的保护。此外，尽管风景区多有宗教资源，但宗教部门只管宗教建筑。于是，由于是建设部门提出来的，国务院就决定当时的城建总局开始负责风景资源保护（赵智聪，2009）。建设部门管理风景名胜区，起始于对风景资源上建筑的控制，带有应急管理的制度安排性质。按照国务院2008年批准的住房和城乡建设部“三定方案”《住房和城乡建设部主要职责内设机构和人员编制规定》，住房和城乡建设部的管理职责主要是在城市住房、城市建设、乡村建设、房地产与建筑市场监管领域，负责风景名胜区管理的城市建设司的主要职责是城市建设、市政公用事业建设、城市绿化规划等的政策制定和监督管理。目前，国家已经将风景名胜区纳入禁止开发区，其中的核心部分会划入生态保护红线区，一部分会整合建设成为国家公园，风景名胜区的功能定位更多地转向生态保护、自然文化遗产的完整性和原真性保护、生物多样性保护，融入国家生态安全保障体系。以管理国家优化开发区、国家重点开发区的住房与城市建设为主要职能的住房和城乡建设部及其内设的城市建设司宜退出禁止开发区的风景名胜区管理。但住建部门在风景名胜区管理领域形成的有效的规章制度、管理经验、国际合作渠道、数字化监管设施与体系等是宝贵的财富，建议将城市建设司下设的风景名胜区管理办公室的编制和人员整合到新组建的自然资源统一管理机构，继续承担国家级风景名胜区、世界自然遗产项目和世界自然与文化双重遗产项目管理的相关职能。

2. 农业渔政部门的水产种质类自然保护区整合到林业部门的野生动植物保护区体系

目前农业部管理的物种与种质资源保护区主要有国家级畜禽遗传资源保护区、种质资源原位保护区、水产种质资源保护区。前两者主要保护的畜禽、农作物种质资源，没有划定明显的范围，主要是在主体功能区中农产品主产区的一些散点的保护点，其管理内容与农业部门的核心职能密切相关，宜继续由农业部门管理。但水产种质资源保护区分布在国家江河湖泊的全部或部分区段，数量较多，面积较大。目前国家级水产种质资源保护区 464 处，占国土面积的 1.63%，平均面积约 339 平方千米，远大于风景名胜区、森林公园的平均面积。目前农业部下属的渔业行政主管部门比照自然保护的管理办法，对各个保护区设置了界标，进行了统一规划和管理。水产种质资源保护区绝大部分属于国有土地范畴，相当一部分位于国家主体功能区规划中的重点生态功能区和禁止开发区，与林业部门设置的野生动植物类自然保护区性质完全相同，由于部门分割，形成了“地上的和水上的由不同部门管理”的现象。目前水产种质资源保护区由农业部渔业渔政管理局管理，从渔业渔政管理局目前的职责和部门设置看，其主要管理职能是全国渔业生产包括养殖、捕捞等领域的规划、政策制定、行业监管、技术推广等领域的管理工作，主要职能是行业管理和产业管理。基于此，建议把农业部渔业渔政管理局管理的水生野生动植物保护处整体划转到新组建的生态保护大部制部门，水产种质资源保护区、水生野生动植物自然保护区、水生生物湿地、水生生物保护区等的管理职能与林业部门的野生动物类自然保护区的管理职能进行一体化整合。

3. 国土资源部管理的保护地整合到大部制部门

目前国土资源部主管的保护地类型是国家地质公园、地质遗迹和矿业遗迹保护区（部分建成国家矿山公园）。2013 年第二轮大部制改革后，国家海洋局划归国土资源部，成为相对独立又统一协调的二级局，形成了陆地国土和海洋国土一体化管理的局面。国家海洋局主管的保护地类型包括海洋自然保护区、海洋特别保护区（包括国家海洋公园）。目前国土资源部主要职能是地籍管理、耕地保护、城乡建设用地管理、地灾防治、矿产资源勘察与开发管理、地质遗迹与矿业遗迹保护。如前所述，国家地质公园与其他类型的保护地重复率高，和地质遗迹类保护区一样，国家地质公园目前已经划入禁止开发区，核心部分将划入生态保护红线区，目前相当部分矿业遗迹保护区正在进行生态修复和重建，不少景观价值突出，宜把国土资源部的地质遗迹保护相关司（处）整体划转到新成立的生态保护大部制部门。海洋的自然保护与陆地有较大的不同，目前全国主体功能区规划中，海洋国土与陆地国土是分别规划的。笔者建议，生态保护大部制部门成立后，随着相关配套行政改革的推进，海洋保护区宜纳入一体化管理。

4. 以国家林业局为基础整合组建生态保护部

1998 年以后，随着国家天然林禁伐，实施天然林和生态公益林保护工程以后，林业管理经历了从林业生产到森林保护的转型。根据国务院（国发〔2008〕11 号）批复的国家林业局“三定方案”，国家林业局的主要职责包括：（1）负责全国林业及其生态建设的监督管理。（2）组织、协调、指导和监督全国造林绿化工作。（3）承担森林资源保护发展监督管理的责任。（4）组织、协调、指导和监督全国湿地保护工作。（5）组织、协调、指导和监督全国荒漠化防治工作。（6）组织、指导陆生野生动植物资源的保护和合理开发利用。（7）负责林业系统自然保护区的监督管理。（8）承担推进林业改革，维护农民经营林业合法权益的责任。（9）监督检查各产业对森林、湿地、荒漠和陆生野生动植物资源的开发利用。（10）承担组织、协调、指导、监督全国森林防火工作的责任。以上职能显示，目前国家林业局的职能主要是森林、湿地、野生动植物资源保护、生态系统保护，管理的地域范围基本上位于生态功能区和禁止开发区，管理的“新 6 类”保护区域的类型和数量远多于其他部门。以之为基础，把风景名胜区、地质公园、水产种质资源保护区等纳入统一管理，组建生态保护部，是切合实际，改革成本低、最易于接受，同时是能达到《生态文明体制建设总体方案》要求的、较优的方案。目前水利部门管理的水利风景区以水库等水利工程和库区、河段等为主体，一些已经纳入河长制管理保护体系，大部分并非主要位于重点生态功能区和禁止开发区，建议暂时不纳入自然保护管理体系。生态保护部成立后，目前国家林业局行使的农村林业发展政策制定、农村林地承包经营和林权流转的指导监督等职能，更多是属于“三农问题”，宜适时划归农业部门。

5. 生态保护部下设国家公园管理局等分类管理的二级机构

生态保护部作为全国自然保护区域的统一管理机构，行使国有自然资源统一管理的执行职能，按照国家生态保护与社会经济发展统筹的原则，以保护自然资源、生态系统、生物多样性等为主要工作内容，以保护自然遗产的完整性和原真性、维护国家生态安全、提供公共生态产品等为主要目标，除设置下属机构行使全国自然保护建设的方针政策、发展战略、中长期规划制定，起草相关法律法规并监督实施，拟订有关国家标准和规程并指导实施等外，建议按照保护区域类型设立下属职能机构，包括：（1）国家公园管理局。与国家海洋局与国土资源部的关系类似，国家公园管理局形成相对完整的管理体系，主要管理国家直接行使所有权的国家公园，监督指导省级代行所有权的国家公园。借鉴美国国家公园体系的管理思路，把国家级风景名胜区、国家地质公园、国家森林公园、国家湿地公园、国家沙漠公园等纳入国家公园体系，纳入统一管理。未来通过建立国家纪念地、国家荒野地、国家海岸、国家风景道等，扩大国家公园体系。国家公园管理局行使世界遗产公约缔约国履约责任，承担世界自然遗产、自然文化双遗产的申报、监管、国际交流等工作。在国家公园管理局加挂国家公园资产管理委员会的牌子，作为国家自然资源资产管理委员会的派出机构，行使国家公园建设投融资、特许经营权、收益管理等职责。(2) 生物多样性与自然保护区管理局。统一管理全国的森林和陆生野生动物类型自然保护区、水产种质资源保护区、国家生物多样性保护优先区、各类自然保护小区等，承办《生物多样性保护国际公约》《濒危野生动植物物种国际贸易公约》等履约有关的职责。(3) 国有森林资源管理局。统一管理国家生态公益林、国家天然林保护工程项目、重点国有林区等，监督管理全国森林采伐限额、林地征用占用、林地开发利用、林权变动等。(4) 生态保育与修复管理办公室。除上述三局管理的保护地与林地外的重点生态功能区、生态保护红线区的其他区域，保护与管理目标主要是生态保育与修复，目前管理目标的实现主要是通过发展和改革委员会、环境保护部等采取规划、调控、监管、行政问责等管理方式约束地方政府履职，国家和地方层面缺乏履行生态保育与修复专门职能的部门，政策缺乏落实的责任主体，政策目标可能无法有效达成。生态保护部成立后，需要建立专门机构承担相应职责，把水源地、土流失重点预防区、自然岸线、雪山冰川、高原冻土，以及生态退化严重的草原区、荒漠化、石漠化、沙漠化趋势明显的生态脆弱区、生态敏感区等，比照保护区管理的政策，把它们真正保护起来，管理起来，一地一策地研究生态保育与修复的具体措施并组织实施，把国家政策落到实处，把生态功能区、生态保护红线区保护好。

6. 生态保护部和国家公园管理局等的地方机构设置

从国际经验看，在中央政府自然保护部门统一管理下，世界代表性国家保护地管理方式有两种情况，一是国家级的国家全部直管、地方级的地方管，二是国家级也可授权地方管，各级政府依据保护地的类型各管一部分。按照《生态文明体制改革总体方案》的精神，“分清全民所有中央政府直接行使所有权、全民所有地方政府行使所有权的资源清单和空间范围，中央政府主要对重点国有林区、大江大河大湖和跨境河流、生态功能重要的湿地草原、海域滩涂、珍稀野生动植物种和部分国家公园等直接行使所有权”。显然，从中央政策看，我国的取向是第二种，中国自然保护领域需要探索垂直管理与分级管理相结合的纵向管理层级模式。在中国国家公园“应建尽建”、保护地体系重构以后，建议根据确定的中央直管国家公园、保护区域名单和空间分布情况，借鉴美国模式，设立若干个地区分局，如“生态保护部南方国家公园与保护区管理局”“西南局”“华中局”等，负责中央直管的国家公园和保护区管理。各省级、市县级政府在林业部门的基础上组建生态保护厅（局），内设部门根据本省情况，参照生态保护部的内设机构设置。没有纳入中央直管的国家级保护区域，建议由省级生态保护部门直管，省级自然保护区域由市县级生态保护部门管理，确定上级财政对下级部门管理保护地承担财务责任的比例，国家出台统一指导标准与计算方法。国家局对地方、上级管理部门对下级，进行保护地准入、规划控制、评估监督、业务指导等方面的管理。不管是中央直管，还是哪一级地方管理的保护地都必须建立基层管理机构。通过分级分类管理的方式，使每一个保护地从国家局到基层局，管理层级不超过 3 个，实质性地降低管理层级，提高管理效能。

7. 保护地基层管理单位的性质、职责与行政执法权

依据目前国家机构编制设置原则，除个别中央政府直管的国家公园、自然保护区外，保护地基层管理机构宜设置为事业单位，按照《关于分类推进事业单位改革的指导意见》的精神，划为公益服务型事业单位，由于承担公益服务，并可部分由市场配置资源的，宜划入公益二类，由各级编制管理部门比照国家相关政策进行机构、人员、职责设定。除列入名录的世界自然遗产、自然文化遗产单位可以加挂“××世界自然遗产管理局”牌子外，一个基层管理单位只挂一个管理局的牌子，或“国家公园管理局”，或“自然保护区管理局”“风景名胜区管理局”等。每一个层级的生态保护政府部门和基层管理机构都加挂同名的“自然资源资产管理局”，履行相应职责。各管理单位成立基层党组织，负责党的路线方针政策在保护地管理机构中的落实，机构党政合一，业务优先，党组织领导分管党务、组织人事、纪检监察和一定业务工作。根据保护地类型和规模差异，一些规模较大的保护地需要划分管理区、管护站，设置相应机构人员履职。根据不同类型保护地管理目标差异，设置不同职能部门负责保护巡护、规划建设、科教宣传、游憩管理、社区事务、生态监测、特许经营管理、园区执法等工作。园区管理执法权是保护地管理必需的，设置园警行使园区执法与救护等职责是各国国家公园管理的标志性手段和园区亮丽风景线。我国国家公园等保护地管理机构的行政执法权需要通过国家法律法规授权、行政部门发布执行办法、组建执行机构等路径来实现。可以借鉴城市管理中把相关部门的行政执法权授予城市管理执法机构行使，通过颁布国家法规 [《城市管理行政执法条例》（国务院，2016）]、部门规章 [《城市管理执法办法》（住房和城乡建设部，2017）] 来具体规定的做法，在国家公园体制建设、国家公园与自然保护区域立法实践

中逐步确立。与基层单位执法部门对应，各级生态保护行政部门设置相应行政执法管理机构，生态保护部内设行政执法督察局，履行全国保护地执法队伍业务指导与管理工作。在自然保护执法队伍建立之前，在基层管理单位，可以推广一些保护地实践中地方警种在园区内设立武警中队、森警中队、森林执法大队，由地方警察机构和主管部门与保护地管理机构双管的模式。

5.1.4　建立国家自然资源资产管理委员会

目前我国自然资源的所有权名义上由国务院行使，实际中由地方政府代为行使，大量的自然资源成了地方政府及其部门的部门资产，享有资源收益权。由于没有有效区分资产管理与资源监管，中央政府除在国有大型油田、大型矿山等方面有一定资源转让收益权外，绝大部分的自然资源出让收益权属于地方。资源使用与所有权转让等由于缺乏国家层面的监管政策约束，造成大量的资产流失，甚至滋生了许多腐败现象。为了扭转中央政府在全民所有自然资源资产管理中的缺位的现象，笔者建议，在中国自然资源管理体制改革中，设立国务院直属的国家自然资源资产管理委员会。像国务院国有资产监督管理委员会代表国家行使国有企业的资产所有权和监管权一样，国家自然资源资产管理委员会在不改变目前国有自然资源监管权的基础上（监管权整合调整除外），行使自然资源的资产管理权，履行国家自然资源资产经营与收益管理的职责。把目前国土、林业、农业、海洋、水利等部门监管的国有自然资源，如土地资源、水资源、矿产资源、国有森林资源、国有草原资源、海域海岛资源等的资产管理权统一交由其行使，其主要职责是维护国家自然资源资产主权、管理经营性自然资源资产、代管非经营性自然资源资产、管理规划全国自然资源资产等，承担资产用途规划分类、资产登记、统计核算、出让转让、收取出让金或者使用费等。横向上，委员会内部按照自然资源类型设立不同的分类管理部门，如水资源资产管理局（司）、矿产资源资产管理局（司）等，“新 6 类”自然保护区域的资产管理权由专门设立的国家公园资产管理局（司）、生态资源资产管理局（司）行使。纵向上，要明晰中央与地方政府在自然资源资产管理体系中的责任与权利关系、事权与财权关系，对国有自然资源资产实行分级授权管理。中央政府授权国家自然资源资产管理委员会代表国家行使国有自然资源终极所有权，重点做好战略性资源以及跨省、跨流域等资源资产管理工作，省级政府授权省级甚至以下资源资产管理部门做好辖内资源资产管理工作。每一个层级的保护地管理机构建立国有自然资源资产管理机构，与管理局“一个机构、两块牌子”，自然资源资产管理机构自成体系，但纵横贯通，接受双层领导。国家公园等保护地自然资源资产管理机构作为保护地自然资源资产经营与管理执行机构，行使全国保护地旅游服务项目等的特许经营管理权，有利于在全国范围内特许经营收益一体化管理，为全国保护地体系提供有效的财力补充与保障。

5.1.5　升级环境保护部的监督职能

目前环境保护部的主要职责是通过环境监测、环境影响评价、环境监察等手段对全国的大气、水、土壤、核安全等进行监督管理，具体包括环境保护相关政策法规、规划、技术标准等的制定和实施、重大环境问题的统筹协调和监督管理、落实国家减排目标、环境污染防治的监督管理、环境监测和信息发布、推动环保科学研究等。在自然保护领域，环境保护部承担的职责主要是负责国家级自然保护区的综合管理；风景名胜区、森林公园环境保护工作的协调与监督；野生动植物保护、湿地环境保护、荒漠化防治和珍稀濒危物种进出口管理的协调和监督工作；牵头负责生物多样性保护、生物物种资源和生物安全管理工作；负责生态保护红线规划编制技术指导与协调工作；负责有关国际环境公约的国内履约工作等。实际管理工作中，环境保护部门对水、土壤、核安全和辐射安全等的监督管理职能与水利、林业、海洋、农业、工信等部门有较多的重复，职能边界比较模糊。以地下水保护为例，环境保护部组织拟订地下水的污染防治规划并监督实施，水利部负责指导地下水开发利用和资源管理保护，而国土资源部则负责指导地下水的动态监测。同样，土壤污染治理的职能在环境保护部生态司，但又不可避免地涉及国土资源部的耕地保护司和地质环境司，以及负责粮食生产管理的农业部，而且这些部门之间也缺乏统一协调的监管机制（曾贤刚等，2015）。由于缺乏统一协调的法定途径，尽管在中央层面已建立了全国环境保护工作部际联席会议机制，但在进行综合决策及生态环境保护协调方面作用有限。目前，由于内部组织结构不合理、外部条件尚不完备、时空因素统筹不够，环境管理大部制改革难以推进（毛科等，2017）。在生态保护领域，自然保护区综合管理与各部门的具体负责管理职能分界不明确，环境保护部门对风景名胜区、湿地等环境保护的协调指导职能也不明确，其生态保护监管工作中常出现越位、缺位或扯皮现象（曾贤刚等，2015）。

在今后一段时期，应当将混杂在各部委的资源管理和开发利用职能与环境保护职能适度分离，由环境保护部专行环境保护事权，剥离其资源管理职能，将其管理自然保护区、风景名胜区、森林公园、野生动植物、湿地荒漠等方面的职能划归生态保护大部制部门，生态保护大部制部门及其资产管理机构专行资源管理和开发利用事权。两种职能分开后，各自权、责、利清晰、明确，便于监督管理，也有利于提高行政效能（毛科等，2017）。为此，笔者建议，环境保护部宜退出自然保护区综合管理、各类自然保护区域管理的协调与指导职能，把这些职权让渡给自然资源统一管理的大部制部门。但是，需要强化环境保护部门的对国家公园、自然保护区、生物多样性保护优先区、生态保护红线区等各类保护区域的生态监测与保护绩效考核、建设活动的环境影响评价等职能，每年发布中国自然保护年度监测报告，不定期进行生物多样性监测、自然遗产保护监测等各项专项监测，检测结果向国务院、全国人民代表大会环境与资源保护委员会报告，向社会公众公开，对违规、违建等行为进行专项督查、责任人约谈，并将考核结果纳入生态文明建设目标评价考核体系，作为党政领导班子和领导干部综合评价及责任追究、离任审计的重要参考。

事实上，目前环境保护部门在土壤、水资源的管理中也适宜从资源保护与管理的职能中退出，专施监测、监督和督查职能。借鉴新西兰的模式，设立自然资源统一管理的大部制部门以后，环境和保护适当分离，环境保护部在近年的机构改革中也适合改称“环境部”，使其职能“瘦身”。职能“瘦身”，但权威性“不瘦身”，而且要“健体”。待将来政府简政放权、管理创新、公共服务、宏观调控等职能转型的核心要素发展到一定阶段，再将分开的环境监督管理与资源保护职能予以合并，把生态保护、水利、国土、海洋等相关的自然资源保护与环境管理职能整合，成为名副其实的“环境保护部”“生态环境保护部”，甚至“资源与环境部”，实现向“大”部门的华丽转身。

5.2　我国自然保护管理体制改革的配套措施与实施路径

5.2.1　建立由新转移支付支撑的财政保障机制

自然保护区域提供全民共享的生态服务和公众游憩等公共物品，不能按一般消费品的市场化模式来供给，国家作为公共利益代表和受益主体的代理人，必须承担补偿的责任和义务，需要通过公共财政和补贴政策激励这种生态产品和服务的生产（俞海等，2006）。目前国家对自然保护区域的主要补偿措施是对重点生态功能区的一般性转移支付。但补偿对象是在地方行政体制框架内进行，按照《全国主体功能区规划》确定的25个国家重点生态功能区涉及的县级单位和国务院2016年批准的新增区县和林区，按县测算支付额度，下达到省级，然后省级以不低于中央确定的额度标准下达到县。额度确定按照生态保护区域面积、产业发展受限、财力的影响情况、贫困情况、禁止开发区域的面积和个数等计算，通过绩效考核增加适当引导性补助和奖励性补助。但目前转移支付方式的生态保护效应较差，根据李国平教授（2014，2015）等的研究，在国家重点生态功能区转移支付政策实施中，具有基本公共服务提升和生态环境保护双目标导向，普遍存在基本公共服务对生态环境保护的挤出效应，而且自 2009 年以来，转移支付的生态补偿资金对县域生态环境质量提升没有明显的正相关性。当然，生态质量是一个多维度、较难量化的指标，其效应显现也有时间滞后性。但这也充分显示，目前的生态补偿转移支付大部分没有直接用于生态建设，双重目标中选择性忽略了生态目标。

笔者建议，中国自然区域保护体系及其管理体制建立以后，目前的转移支付方式需要做出重大调整，改变近年国家生态补偿资金打捆转移支付给地方政府的做法。第一，确定国家用于生态补偿转移支付资金的年度总额的额度。国家发展和改革委员会牵头，财政部实施，环境部、生态保护部参与，按照我国自然保护区域生态系统服务价值、生态保护成本、发展机会成本等，建立一个具有战略性、全局性和前瞻性的总体框架，建立国家自然保护区域的投入与国家财政总收入或者 GDP 总额挂钩、地方各级政府主管的自然保护区域的投入与地方财政收入或者地区 GDP 总额挂钩的机制，像教育、国防等的国家投入一样，确定财政收入或 GDP 总额投向生态保护的相对稳定的百分比，根据国家财力状况，稳步提高投入比例。第二，重新建立转移支付核算标准，生态功能区产业受限、财力影响、贫困状况等与保护区域的等级、面积与数量指标单独测算，前者转移支付给地方政府，后者作为财政拨款依据之一，划拨成为生态保护部门的财政预算。需要特别说明的是，自然保护区、国家公园、物种区、水源地、生态公益林等生态服务价值、保护强度与成本不一，宜采用差别化的测算标准。

5.2.2　建立保障国家公园回归公益的补偿与经营机制

如前所述，过去各级政府对自然保护区域基本是“只给帽子，不给票子”，近年随着国家重点生态功能区转移支付政策的实施，投向生态保护的财政资金增幅较大，但在现有的模式下，财政资金用于保护区域建设和保护工作本身的依然十分有限。为解决资金短缺问题，各保护地在地方政府的推动下，主要通过旅游开发和多种经营来自筹和自我发展，各类保护地成为我国旅游景区的主体和旅游业的主要支撑，2016 年我国国家级风景名胜区中有 36.5%成为 5A 级旅游区。一些保护地内外旅游基础设施和服务设施建设投入巨大，建设期的投资主要是保护地管理机构或地方政府通过门票收益权质押贷款或其他融资方式筹资建立起来的。在建设与发展过程中，各地逐步形成了一些当地社区参与旅游的形式和利益分享的机制。按照目前设计的保护地管理体系，保护地的产权结构、资产收益分配结构都会发生重大变化，不考虑历史形成的财产权关系，不考虑现实的经济问题、地方政府与部门以及社区的利益补偿问题，新的管理体制是无法真正建立起来的。

如前所述，如果国家自然资源资产管理委员会及其下设的国家公园资产管理局代表中央政府行使全国保护地自然资源所有权，对保护地自然资源进行国有资产管理，那么国家公园资产管理局理应成为全国国家公园体系特许经营的特许法人，在全国范围内遵循一定规则和程序公开选择特许经营受许人，建立起全国一体化的国家公园特许经营体系，能实现特许经营收入在全国国家公园体系内统一安排，做到以“丰”养“欠”、以“富”养“贫”，实现国家公园的旅游收益由地域经济系统内循环向国家自然保护事业系统循环过渡。笔者曾经用2010年的数据做过测算，2010年各级财政投向禁止开发区各类保护地每平方千米的平均额度在337～718元，而发展中国家的平均水平为997元，发达国家则高达13068元[①]，而2010年全国208处国家级风景名胜区创造直接旅游收入和经营服务收入高达722.5亿元[②]，746处国家级森林公园旅游收入291.23亿元[③]，2005年林业系统的1699处自然保护区市场经营收入只有1.235亿元[④]。根据上述有关数据计算，2010年国家级风景名胜区和国家森林公园的直接旅游收入（门票+公园内部的服务性项目收费）达到1013.73亿元，如果把这笔收入全部用于全国180万平方千米的禁止开发区的保护地体系，每平方千米将达56318元，我国保护地平均每平方千米的保护资金投入将是发展中国家平均水平的56倍、发达国家平均水平的4.1倍。由于数据可获得的原因，其年份不完全统一，但这些数据至少反映出两个方面的问题：（1）我国保护地门票与服务性收费之高，可能是国际平均水平的数十倍。实际上，有研究者测算，我国风景名胜区等旅游景区门票价格占居民人均月收入的比重达7.6%～32%，远远高出发达国家0.5%～1%的水平（依绍华，2006）。（2）我国保护地的旅游收入纳入全国一体化运营后，特别是有保护地生态补偿转移支付财政资金托底，我国保护地降低门票，降低服

① 数据来源：章轲，中国自然保护区资金窘境，第一财经日报，2012-07-11。

② 根据住房和城乡建设部《中国风景名胜区事业发展公报》（1982—2012，2012-12-4发布）有关数据计算。

③ 根据国家林业局《2011年度森林公园建设经营情况》有关数据计算。

④ 数据来源：章轲，中国自然保护区资金窘境，第一财经日报，2012-07-11。

务性收费，补偿利益相关者，有相当大的资金回旋余地。

综上所述，如果全国保护地资产经营权实现垂直一体化管理，地方政府退出，旅游收益在国家自然保护事业系统内统一安排，加上中央财政生态补偿转移支付资金的稳定投入，国家还可通过特许经营权收费、接收社会捐赠、PPP 融资等方式吸收社会资金参与保护地建设，中央政府可选择的财政组合工具相当广泛，国家公园回归公益是可行的。当然，回归公益、免门票或低门票开放必须逐步实现，这既是世界绝大多数国家的通行做法，也是保障国民公平游憩权的需要，但需要分步实施。必须考虑保护地所在地地方政府和相关企业的历史贡献，采取适当补偿、门票等收费逐渐降低、国家与地方旅游收益分成比例动态变化等方式，精心进行具体制度设计，地方政府在财务收益上逐年退出，促进地方特许经营项目的税收增量，减少体制变革的阻力和震荡。但是，国家公园回归公益，把一个全体国民的国家公园体系还给国民，是一项令人激动的伟大的事业，不能没有时间表。这需要未来的国家公园资产管理机构根据国家财政投入、各年全国国家公园旅游收入总额、各地国家公园地方政府投入补偿返还年限、社区补偿额度等全国基础数据汇总后具体测算。笔者建议，2020 年以前各级发改部门暂停公共资源景区调价申请，控制门票价格不上涨。从 2020 年开始，在特许经营项目收费标准合理控制的前提下，目前收取门票的各个国家公园门票价格每年递减不少于 10%，到 2030 年中国国家公园体系全部实现免门票或低门票开放。免门票和低门票开放初期对国家公园的游憩压力是存在的，可以通过预约制、容量控制等管理政策来解决。但从中长期看，国内外的研究成果都普遍证实门票价格与游客人数是弱相关的关系（Ralf Buckley，2003；宋子千，2004）。

5.2.3　建立有效的公众参与机制

如上所述，自然保护区域是全体国民共有公共资产，理应“全民守护、全民参与、全民共享”，公众参与有利于民主决策、民主监督、提高公众满意度，进而培养公民的主人翁精神和国家忠诚。因而，世界上代表性国家普遍重视保护地决策、规划、管理中的公众参与。我国保护地管理体制重构、经营机制重建和全面的公益性回归，都离不开公众参与。作为保护地管理体系有机构成部分的公众参与机制需要从如下方面构建：

（1）政策制定与规划编制参与。相关部门政策制定与规划编制中广泛征求社会意见，扩大社会参与，增强规划的科学性和透明度；全文公布规划草案，在网络和其他媒体上公布，充分听取各方意见；成立由专业人员和有关方面代表组成的规划评议委员会，鼓励各方对规划执行进行监督，对违反规划的开发建设行为进行举报；向同级人民代表大会及其常务委员会定期报告规划执行情况，对违反规划行为进行问责。（2）生态环境监管参与。在生态保护监管领域发挥公众、社会的作用，弥补政府行政监管力量的不足，有效降低政府监管成本，让监管的眼睛布局自然保护的全部领域，释放公众常态性的监督力量，避免政府部门在生态环境保护过程中寻租执法、选择执法、执法不公、执法缺位的问题。（3）保护资金筹措参与。国家公园回归公益释放国民公民意识后，能真正建立起社会捐赠机制，政策层面需要明确各类捐赠渠道、用途，建立社会捐赠激励机制。（4）基层保护地日常管理参与。促进社会组织、个人、科研机构参与合作管理机制，搭建与国际组织、非政府组织的合作平台，确定合作方式、明确合作双方权利与义务。建立志愿者机制，明确志愿者招募标准、管理制度、激励机制等。（5）当地社区参与。通过地役权合同等方式，保障社区获取法定补偿收益；通过组建共管委员会等方式，引导社区参与保护地管理决策、保护地规划及日常管护；赋予社区部分项目特许经营的优先权；通过培训引导社区居民在保护地管理机构和经营企业就业；通过林权置换、林权入股等方式让社区分享保护地利益；探索保护地内部社区的行政管辖权授予保护地管理机构的有效模式。

5.2.4 与相关改革协同推进

自然保护领域管理体制改革是生态文明体制改革的有机组成部分，是健全国家自然资源资产管理体制、探索建立分级行使自然资源所有权体制、建立国家公园体制等制度建设推动的直接结果。同时，自然保护领域管理体制的改革又将推动和促进资源有偿使用、生态补偿、环境治理和生态保护市场体系建立、生态文明绩效评价考核和责任追究等制度的深化和完善，生态文明体制建设八项制度是一个有机整体。自然保护领域管理体制改革本质上是国家行政体制改革，涉及与自然保护领域相关部门和层级的机构、权责和人员调整，也会带动与此有关的经营制度、财税制度、社会制度的变革。反之，自然保护领域管理体制的改革也需要生态文明体制改革、行政体制改革等的配套和推动。具体表现在：（1）国家公园体制建立是自然保护管理体制改革最直接的推动因素，国家公园整合设立必然推动保护地体系重构，保护地体系重构推动保护地管理体制重建，保护地管理体制重建推动国家自然保护相关部门的权责体系变革，也必然引发和推动部门设置调整，推动大部制建立。国家公园体制、生态文明体制改革的推进和深化，需要大部制、事业单位分类改革来保障和配套。这些都需要高层决策通盘考虑、宏观决策，拿出成龙配套的方案，分步实施、稳步推进。（2）自然保护管理体制改革可能引发地方的机构改革和人事变动、权责和利益调整，引发中央和地方事权和财权的重新划分，改革中可能需要动用组织手段、纪律手段、教育手段等，需要地方领导拿出党性原则，展现大局意识来支持改革，推动改革。（3）自然保护领域管理体制改革也需要财税领域的改革配套和推动，保护地资产收益分配方式改变，转移支付标准和定额重新核定，受偿主体改变，地方和中央在保护地收益中重新分配，这些可能引起国家相关财务税收制度、审计监察制度等的变化，也需要相关领域的改革来确保自然保护领域改革的顺利推进。

5.2.5　改革与立法双向推动

我国是自然保护领域多项国际公约的缔约国，需要用国内法来明确相关管理规范和行政授权等，解决国际法的国内效力问题。目前我国还没有一部专门针对全部保护区域的保护法。现有的与自然保护区域相关的法律零散而不系统，作为执法依据针对性不强，相关行政法规、部门规章和地方立法在民事法律关系调整、行政处罚措施以及司法救济等方面又受到了一定的限制，且立法效力等级低，威慑力不足，无法达到保护地整体保护的目的，迫切需要通过立法提高国民保护意识，提供更全面、更高效力的法律依据（高利红，2012）。所以，无论是从与国际法衔接还是从保护紧迫性的角度来看，自然保护区域立法都是十分必要的。立法工作无法单边推进，需要管理体制和治理模式变革先行或协同。目前，首要的是在国家公园体制建设和整合设立的推动下，推进自然保护区域治理模式变革，理顺管理体制与运行机制，然后通过立法把这些改革成果上升到法律层面，或者通过立法明确相关法律关系，引领变革进程。

从立法位序看，我国自然保护领域立法首先是必须制定一部覆盖所有自然保护区域的综合性的基本法，确定基本保护原则和调节主要法律关系。但自然保护区域数量众多、类型复杂，利益主体众多、法律关系等十分复杂，通过一部法律的制定不可能一蹴而就，还应该在基本法的基础上，逐步形成一套成熟的、系统的自然保护区域法律体系。在没有基本法的前提下，如果制定部门法，必须把它纳入基本法立法和法律体系建立一体化考虑，部门法不能成为基本法立法障碍；否则，宁可暂不出台或推迟出台。如果条件不成熟就仓促立法，反而可能造成现有法律关系扭曲，也终将影响自然遗产保护法律体系的建立。本书的建议是：目前应该按照中央统一部署推进国家公园体制建设和整合设立，启动自然保护区域管理体制改革，改革的基本框架和政策确定后，启动《自然保护区域法》和《国家公园法》立法进程，两部法哪一部先出台不重要，关键是自然保护区域总体改革框架和政策必须先出台。《自然保护区域法》发布后，再推进其他部门法的立法进程。

5.2.6　确立改革统筹推进时序

我国自然保护领域管理体制改革任务繁重，头绪繁多，改革推进需要统筹考虑和协调安排。重大改革事项必须确定一个完成的时间节点，明确各项任务的执行主体及其责任，有执行，有督导，在中央全面深化改革领导小组的统筹下，各部门各司其职，把改革推向前进，力争到 2030 年基本实现确定的各项具体的改革目标，主要改革目标任务完成时序安排建议见表 5-2。

表 5-2　我国自然保护区域管理体制改革的时序安排建议

2017年	2018年	2019年	2020年	2021年	2022年	2023年	2024年	2025年	2026年	2027年	2028年	2029年	2030年
	国家公园试点												
				整合设立一批国家公园、国家公园体制基本建立									
				生态保护红线划定、自然保护区域自然资源确权登记完成									
							全国自然保护区域整合完成、自然保护管理体制建立						
							国家公园法、自然保护区域法从草拟到颁布						
		大部制改革进一步推进							资源环境一体化管理模式形成				
公共资源景区门票每年递减不少于 10%，2030 年全部免门票或低门票开放，回归公益													

注：表中黑色为国家方针政策确定的时序安排，灰色为本书的建议方案。

参考文献

[1] 柏成寿. 2006. 巴西自然保护区立法和管理[J]. 环境保护，（11A）：69-72.

[2] 陈辉. 2017. 技术化行政的演进与大部制改革的整体性逻辑[J]. 南京师大学报(社会科学版),（2）：45-52.

[3] 范边，马克明. 2015. 全球陆地保护地 60 年增长情况分析和趋势预测[J]. 生物多样性，23（4）：507-518.

[4] 高利红，程芳. 2012. 我国自然遗产保护的立法合理性研究[J]. 江西社会科学，（1）：153-162.

[5] 黄恒学，徐淑华. 2016. 新形势下如何分类推进事业单位改革[J]. 中国党政干部论坛，（12）：13-16.

[6] 侯鹏，杨旻，翟俊，等. 2017. 论自然保护地与国家生态安全格局构建[J]. 地理研究，36（3）：420-428.

[7] 蒋明康，王智，朱广庆，等. 2004. 基于 IUCN 保护区分类系统的中国自然保护区分类标准研究[J]. 农村生态环境，20（2）：1-6，11.

[8] 李国平，汪海洲，刘倩. 2014. 国家重点生态功能区转移支付的双重目标与绩效评价[J]. 西北大学学报（哲学社会科学版），44（1）：151-155.

[9] 李国平，张文彬. 2015. 国家重点生态功能区转移支付差异化契约研究[J]. 当代经济科学，（6）：92-125.

[10] 李建忠. 2014. 公益目标及其实现机制：事业单位分类改革的核心问题[J]. 北京行政学院学报，（1）：5-9.

[11] 毛科，秦鹏. 2017. 环境管理大部制改革的难点、策略设计与路径选择[J]. 中国行政管理，（3）：21-24.

[12] 欧阳志云. 2017. 中国国家公园体系总体空间布局研究[C]. 中国国家公园体制建设国际研讨会，北京.

[13] 邱倩，江河. 2016. 论重点生态功能区产业准入负面清单制度的建立[J]. 环境保护，（7）：41-44.

[14] 石亚军，于江. 2012. 大部制改革：期待、沉思与展望——基于对五大部委改革的调研[J]. 中国行政管理，（7）：52-55.

[15] 宋子千. 2004. 景区门票价格偏高的一个博弈论解释[J]. 桂林旅游高等专科学校学报，（1）：31-34.

[16] 束晨阳. 2016. 论中国的国家公园与保护地体系建设问题[J]. 中国园林，（7）：19-24.

[17] 田贵全. 1999. 德国的自然保护区建设[J]. 世界环境，（8）：31-34.

[18] 王伟. 2016. 十八大以来大部制改革深层问题及未来路径探析[J]. 中国行政管理，（10）：16-20.

[19] 肖金成，刘通. 2017. 把牢生态环境保护的第一道关口——《重点生态功能区产业准入负面清单编制实施办法》解读[J]. 环境保护，（3）：10-11.

[20] 薛立强. 2009. 授权体制：改革时期政府间纵向关系研究[D]. 天津：南开大学.

[21] 杨素娟. 2002. 日本自然保护区管理制度评介[J]. 世界环境，（4）：32-34.

[22] 依绍华. 2005. 对景区门票涨价热的冷思考[J]. 价格理论与实践，（1）：18-19.

[23] 尤・依・彼尔谢捏夫，王凤昆. 2007. 俄罗斯生态保护构架：特别自然保护区域体系[J]. 野生动物杂志，（1）：39-41.

[24] 俞海，任勇. 2008. 中国生态补偿：概念、问题类型与政策路径选择[J]. 中国软科学，（6）：7-15.

[25] 曾贤刚，魏国强. 2015. 生态环境监管制度的问题与对策研究[J]. 环境保护，（11）：39-41.

[26] 赵智聪. 2009.初论我国风景名胜区制度初创期的特点与历史局限[C]. 中国风景园林学 2009 年会论文集. 北京：中国建筑工业出版社：487-491.

[27] 郑曙村. 2010. 建立决策、执行、监督“权力三分”体制的构想[J]. 齐鲁学刊，（6）：98-102.

[28] 周振超. 2007.当代中国“条块关系”研究[D]. 天津：南开大学.

[29] 朱光磊，张志红. 2005. “职责同构”批判[J]. 北京大学学报（哲社版），（1）：101-112.

[30] Butchart S H，et al. 2010. Global biodiversity，indicators of recent declines[J]. Science，（328）：1164-1168.

[31] Convention on Biological Diversity（CBD）. Strategic Plan for Biodiversity 2011–2020 and the Aichi Targets[EB/OL]. https：//www.cbd.int/doc/strategic-plan/2011-2020/Aichi-Targets-EN.pdf.

[32] Ralf Buckley. 2003. Pay to Pay in Parks：An Australian Policy Perspective on Visitor Fees in Public Protected Areas[J]. Journal of Sustainable Tourism.，11（1）：56-73.

致　谢

在本书即将交稿付印之际，有许多感谢想要表达。

感谢国家发展和改革委员会社会发展司、保尔森基金会、河仁慈善基金会，三个单位是课题的委托单位，为本研究提供了充足的经费支持，也为本书的出版提供了经费。

感谢保尔森基金会保护项目副主任于广志博士，于博士是本次项目保尔森基金会方面的直接负责人，其本身是自然保护领域的专家，在保护生态学领域有很高的造诣。在保尔森基金会保护项目总监牛红卫的指导下，在本项目研究的每一个阶段，她都不厌其烦地跟我们沟通技术要求，催促进度，可以说如果没有她的无数个 deadline，也许就没有这个研究报告，也没有这本书问世。研究中，好几次所需的关键资料缺乏时，于博士都通过自己的关系给我联系提供。记得研究报告第一稿提交以后，于博士代表保尔森基金会和牛卫红总监给我回邮件并不断地电话沟通，提出了大大小小共 21 个问题和建议，正是对这 21 个问题和建议的修改落实，使我不断地完善了思路，修正了部分观点，也使课题得到了委托方的较高评价。本书中也包含了牛红卫总监、于广志博士等保尔森基金会同仁们的专业见解和学术贡献，谢谢他们的智慧和辛勤付出。

感谢国家发展和改革委员会社会发展司彭福伟副司长，彭司长是国家发展和改革委员会国家公园体制建设工作的领导者和牵头人，对我和我所在单位的国家公园研究给予了较多的关注和支持，在课题组培训报告中，彭司长的全面信息和专业认识为本研究报告的框架确定和部分观点形成产生了较大影响。感谢国家发展和改革委员会社会发展司袁淏处长，感谢袁处长专门为我们课题组提供了所需的试点方案资料汇编，感谢袁处长在课题调研中的协调和联系，确保了我们课题组普达措之行顺利和圆满。感谢云南省林业厅钟明川处长，普达措国家公园管理局唐华局长、宝福浩主任、丁文东科长，普达措旅业公司侯寿鹏总经理在调研中的接待和帮助。

感谢我的同事王连勇教授，王教授是国内较早从事国家公园研究的学者，感谢王教授在本课题的申报、研究思路研讨中的工作和贡献。感谢研究生郑蓉、李林義、罗秋同学协助野外调研和研究资料的收集。

感谢云南大学杨桂华教授，杨教授是知名的生态旅游专家、国家公园专家，也是我的博士导师。十多年前，我还在杨教授门下攻读博士学位时，杨教授就是云南早期国家公园试点的重要参与者与研究者，是杨教授把我领进了国家公园研究的大门，本课题研究中杨教授也给予了我热情的鼓励和指导。

最后感谢我的妻子周勤耘，记得课题完成最集中的后半段是在 2017 年暑假，在七曜山上不太宽敞的避暑房中，她要忍受我天天熬更守夜和深夜敲击键盘，并承包绝大部分的家务，感谢她的付出。

田世政

2018 年 3 月 1 日于四川巴中

声　明